问气 GAS

您身边的大气知识

策　划：郝未宁

主　编：武　婷

副主编：董飞天　李相颖　刘金鹏　沈小宁

编　委：李　君　李雅坤　苗维刚　王成梁　王晓叶
王怡然　魏　岚　闫平善　张　莉　张　媚
张　宁　张帅帅　张淑敏

指　导：宋有武　章　婕

图书在版编目（CIP）数据

问气：您身边的大气知识 / 武婷主编．— 北京：中国环境出版集团，2019.4
ISBN 978-7-5111-3953-5

Ⅰ．①问…　Ⅱ．①武…　Ⅲ．①空气污染—污染防治—基本知识　Ⅳ．① X51

中国版本图书馆 CIP 数据核字（2019）第 069546 号

出 版 人　武德凯
责任编辑　曹　玮
责任校对　任　丽
装帧设计　费军伟

出版发行　中国环境出版集团
（100062 北京市东城区广渠门内大街 16 号）
网　　址：http://www.cesp.com.cn
电子邮箱：bjgl@cesp.com.cn
联系电话：010-67112765（编辑管理部）
发行热线：010-67125803，010-67113405（传真）
印　　刷　北京中科印刷有限公司
经　　销　各地新华书店
版　　次　2019 年 4 月第 1 版
印　　次　2019 年 4 月第 1 次印刷
开　　本　880×1230　1/32
印　　张　3.75
字　　数　100 千字
定　　价　30.00 元

编者的话

大气环境和人类生存密切相关，大气环境保护事关人民群众根本利益，事关经济持续健康发展，事关全面建成小康社会，事关实现中华民族伟大复兴中国梦。近年来，随着我国工业化、城镇化的深入推进，能源资源消耗持续增加，大气污染防治压力持续加大，区域性大气环境问题日益突出。因此，党的十九大报告中明确提出了“坚持全民共治、源头防治，持续实施大气污染防治行动，打赢蓝天保卫战”的要求。

2013 年，国务院制定了《大气污染防治行动计划》。该计划简称“大气十条”，旨在通过实施十项大气污染防治措施，逐步消除重污染天气，切实改善空气质量。2015 年 1 月 30 日，天津市第十六届人民代表大会第 3 次会议通过了新的《天津市大气污染防治条例》（以下简称《条例》），并已于 2015 年 3 月 1 日起施行。《条例》的实施为天津市大气污染防治、保护和改善生活环境和生态环境、保障公众健康、促进经济和社会的可持续发展发挥了重要作用，具有重要意义。

2017 年，天津市先后出台了《天津市 2017 年大气污染防治工作方案》和《天津市 2017—2018 年秋冬季大气污染综合治理攻坚行动方案》，在市委、市政府领导下，在全市人民的共同努力下，大气污染防治力度不断增大，空气环境质量逐步改善，大气污染治理工作不断取得新进展，并面向广大社会公众开展了一系列以保护大气环境为主题的环保宣传教育活动，为“打赢蓝天保卫战”营造了良好的舆论范围。

本书包括关于大气、大气污染、空气质量指数、灰霾天气、大气污染防治、蓝天保卫战天津在行动以及附录共七个篇章，旨在向公众宣传大气环境保护科普知识、提高全社会环保意识、倡导保护大气环境的理念。

由于时间紧促和编者水平所限，不足之处在所难免，敬请各位读者批评指正，以利于我们今后不断予以完善。在此，也向对本书编写给予热心支持的各方人员表示衷心感谢！

编　者

2018 年 10 月

目 录

关于大气

大气污染

空气质量指数

灰霾

大气污染防治

蓝天保卫战 天津在行动

附录

关于大气

一、大气

空气是我们每天都呼吸着的“生命气体”，它分层覆盖在地球表面，透明且无色无味，对人类的生存和生产有着重要影响。“大气”和“空气”两个词，人们在日常生活中通常是作为同义词来使用的。但有时为了便于说明问题，两者的含义在环境科学中还是有区别的，国际标准化组织（ISO）给大气和空气下的定义为:“大气”是指地球环境周围所有空气的总和;“空气”是指地球大气层中的空气混合物；而“环境空气”是指暴露在人群、植物、动物和建筑物之外的室外空气。本书后面的各章节中，除描述特定场所的空气时加定语修饰区别以外，无论“大气”或“空气”均是指“环境空气”。

空气包裹在地球外面，这层厚厚的空气被称为大气层。大气层的厚度约为 10 000km，根据气温在垂直于下垫面（地球表面）方向上的分布，一般将大气层分为五层，即对流层、平流层、中间层、暖层和散逸层。

对流层是大气层中最低的一层，它的厚度随着纬度增加而降低，热带为 16 ~ 17km，温带为 10 ~ 12km，两极附近只有

8 ~ 9km，平均厚度为 12km 左右。主要的天气现象，如云、雨、雪、雹等都发生在这一层里。从对流层顶到距地面 50 ~ 60km 高度的这一层，叫作平流层。平流层里的空气比对流层稀薄得多，那里的水汽和尘埃含量非常少，所以很少有天气现象。平流层以上到 80 ~ 85km 这一层，称为中间层，这一层内温度随高度升高而降低。暖层（也称热层）位于中间层顶之上，上界距地球表面约有 800km。暖层内温度很高，昼夜温差变化很大。电离层存在于本层之中，美丽的极光就出现在该层中。散逸层，又称“外层”“逃逸层”，是暖层以上的大气层，也是地球大气的最外层。逃逸层空气极为稀薄，其密度几乎与太空密度相同，故又常称为外大气层。

二、大气的物理性质

空气无色无味，气态。在 0℃ 及 1 个标准大气压下（1.013×10^5 Pa）的空气密度为 1.293g/L。我们把气体在 0℃ 和 1 个标准大气压下的状态称为标准状态，空气在标准状态下

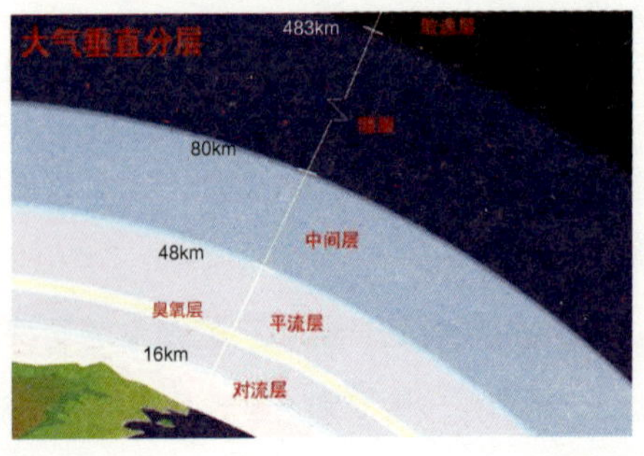

可视为理想气体，其摩尔体积为 22.4L/ mol。

空气的比热容与温度有关，温度为 250K 时，空气的定压比热容为 c_p=1.003kJ/(kg · K)；温度为 300K 时，空气的定压比热容为 c_p=1.005kJ/(kg · K)。

常温下的空气是无色无味的气体，液态空气则是一种易流动的浅黄色液体。一般当空气被液化时二氧化碳已经被清除，因而液态空气的组成是 20.95% 氧、78.12% 氮和 0.93% 氩，其他组分含量甚微，可以略而不计。空气的相对分子质量是 29。在标准状态下空气中的声音传播速度为 331.5m/s。干燥空气的摩尔质量为 28.963 4g/mol。

在标准状态下空气对可见光的折射率约为 1.000 29。它随气压、气温和空气成分变化而变化。尤其湿度对于折射率的影响比较大，相应地，光速在空气中也随之改变。

生活中，我们经常听到“相对湿度”这个词，它通常用于表示湿度的高低，单位为 %RH。它反映空气接近饱和状态的能力。湿度越大，表示空气越接近饱和状态；相反，湿度越小，空气越干燥。

三、大气的组成成分

长期以来，人们一直认为空气是一种单一的物质，直到 200 多年前，法国科学家拉瓦锡（Lavoisier，1743—1794 年）用定量试验的方法测定了空气成分。他把少量汞放在密闭容器中加热 12 天，发现部分汞变成红色粉末 HgO，同时，空气体积减少了 1/5 左右。通过对剩余气体的研究，他发现这部分气体不能供给呼吸，也不助燃，他误认为这全部是氮气。拉瓦锡又把加热生成的红色粉末收集起来，放在另一个较小的容器中再加热，得到汞和氧气，且氧气体积恰好等于密闭容器中减少的空气体积。他把得到的氧气导入前一个容器，所得气体和空气性质完全相同。通过实验，拉瓦锡得出了空气由氧气和氮气组成，氧气占其中的 1/5。

19 世纪前，人们认为空气中仅有氮气 (N_2) 与氧气 (O_2)。直到 1892 年，英国物理学家雷利发现从空气中分离氧气后得到“氮气”的密度（1.2572g/L）与分解含氮物质所得的氮气密度（1.2505g/L）之间总是存在着微小的差异。雷利没有放过这一个微小的差异，他后来与英国化学家拉姆塞（William Ramsay，1852—1916 年）合作，终于发现空气中还存在着一种化学性质不活泼的惰性气体——氩气（Ar）。在接下来的几年中，拉姆塞等人又陆续发现了氦气（He）、氖气 (Ne)、氙气 (Xe)、氪气（Kr）、氡气（Rn）共六种稀有气体。

经过一系列的研究，人们发现空气是多种气体的混合物。它的恒定组成部分为氧气、氮气以及稀有气体（氩气、氖气等）。实验证明，空气中恒定组成部分的含量百分比在离地面 100km 高度以内几乎是不变的。以体积含量计，氧约占 20.95%，氮约占 78.09%，稀有气体约占 0.934%。可变组成部分为二氧化碳和水蒸气，在通常情况下二氧化碳的含量为 0.02% ~ 0.04%, 水蒸气的含量为 4% 以下，这些组分在空气中的含量随着季节、气象、地理位置和人们的生产和生活活动

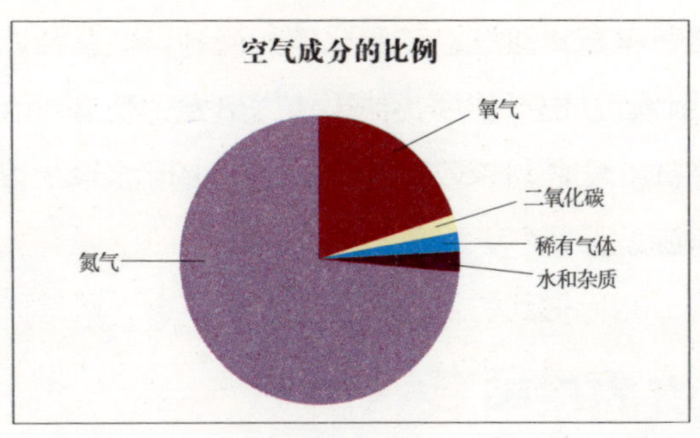

的变化，在很小范围内会微有变动。至于空气中的不定组成部分，则随不同地区变化而有不同，例如，靠近冶金工厂的地方会含有二氧化硫，靠近氯碱工厂的地方会含有氯等。此外，空气中还有微量的氢气、臭氧、氧化二氮、甲烷以及或多或少的尘埃。

一般来说，空气的成分是比较固定的，这对于人类和其他动植物的生存非常重要。但随着现代化工业的发展，排放到空气中的有害气体和烟尘改变了空气的成分，造成了空气污染。被污染的空气会严重损害人体健康，影响作物生长，造成自然资源以及建筑物等的破坏。

排放到空气中的有害物质，大致可分为粉尘和气体两大类。从世界范围看，排放到空气中的气体污染物较多的是二氧化硫、一氧化碳、二氧化氮等。这些气体主要来自矿物燃料（煤和石油）的燃烧。

前文提过，大气层分为五层。我们生活在最下面一层（对流层）中。在平流层，空气要稀薄得多，这里有一种叫作“臭氧”（氧气的同素异形体 O_3）的气体，它可以吸收太阳光中有害的紫外线。若不考虑水蒸气、二氧化碳和各种碳氢化合物，则地面至 100km 高度的空气平均组成保持恒定值。在 25km 高空，臭氧的含量有所增加。在更高的高空，空气的组成随高度而变，且明显地同每天的时间及太阳活动有关。

四、大气的作用

由于地球有强大的吸引力，使 80% 的空气集中在离地面平均为 15km 的范围里。这一空气层对人类生活、生产活动影响很大。人们通常所说的大气污染指的是这一范围内的空气污染。

空气是地球上动植物生存的必要条件，动物呼吸和植物光合作用都离不开空气；大气层可以使地球上的温度保持相对稳定，如果没有大气层，白天温度会很高，而夜间温度会很低；臭氧层可以吸收来自太阳的紫外线，保护地球上的生物免受伤害；大气层可以阻止来自太空的高能粒子过多地进入地球，阻止陨石撞击地球，因为陨石与大气摩擦时既可以减速又可以燃烧；风、云、雨、雪的形成都离不开大气；声音的传播要利用空气；降落伞、减速伞和飞机也都利用了空气的作用力；一些机器要利用压缩空气进行工作。

假如没有空气，我们的地球将是一片荒芜的沙漠，没有一丝生机。绿色植物利用空气中的二氧化碳、阳光和水合成营养物质，在此过程中，氧气被释放出来，人类和其他动物通过呼吸空气来获取氧气，动物还需要氧气从摄入的食物中获取能量。

由于工业的发展，人类向空气排放了有害物质，污染了空气，使空气中增加了有害成分。当空气里的有害物质达到一定浓度后，就会严重地损害人类的健康和农作物的生长，破坏某些物质，又会使能见度降低，影响交通安全等。因此，必须大力防止空气的污染。

大气污染

空气污染，又称为大气污染，按照国际标准化组织（ISO）的定义，空气污染通常是指由于人类活动或自然过程引起某些物质进入大气中，呈现出足够的浓度，达到足够的时间，并危害人类的舒适、健康和福利。换言之，只要是某一种物质其存在的量、性质及时间足够对人类或其他生物、财物产生影响，我们就可以称其为空气污染物；而因其存在造成的现象，就是空气污染。

一、大气污染的成因

根据污染源的来源，大气污染物的来源主要有自然源和人为源。

自然源是由各种自然变化引起的。例如，火山喷发时有大量的粉尘和二氧化碳等气体喷射到大气中，造成火山喷发地区烟雾弥漫；雷电等自然原因引起的森林大面积火灾也会增加二氧化碳和烟尘的含量等。

人为源是由人类的生产和生活活动引起的，主要包括以下几个方面：

（1）工业源：工业生产是大气污染的一个重要来源。工业生产排放到大气中的污染物种类繁多，有烟尘、硫的氧化物、氮的氧化物、有机化合物、卤化物、碳化合物等。其中有的是烟尘，有的是气体。

（2）生活源：城市中民用生活炉灶和采暖锅炉需要消耗大量煤炭，煤炭在燃烧过程中会释放大量的灰尘、二氧化硫、一氧化碳等有害物质。特别是在冬季采暖时，污染物集中排放，造成的污染不容忽视。

（3）交通运输：汽车、火车、飞机、轮船是当代的主要运输工具，它们烧煤或石油产生的废气也是重要的污染物。特别是城市中的汽车，量大而集中，尾气所排放的污染物能直接侵袭人的呼吸器官，污染城市空气，成为大城市空气的主要污染源之一。汽车排放的废气主要有一氧化碳、二氧化硫、氮氧化物和碳氢化合物等，且有很大的危害性。

（4）其他来源：如扬尘污染、餐饮油烟等。

排放到空气里的有害物质，根据其存在状态可以分为两大类，即气溶胶态污染物和气态污染物。气溶胶态污染物指悬浮于空气中的固体粒子、液体粒子，包括粉尘（如矿物粉尘、金属粉尘、水泥粉尘、有机粉尘等）、烟尘（如炼钢烟尘、燃煤烟尘等）、雾（如水雾、酸雾等）、化学烟雾（如硫酸烟雾、光化学烟雾等）。气态污染物是指以气态存在的污染物，主要有五大类，即含硫化合物、含氮化合物、碳氧化合物、碳氢化合物及卤素化合物。

比较重要的空气污染物有：碳氢化合物、一氧化碳、氮氧化物、硫氧化物和微粒物质等，这些污染物排放到大气中以后，与正常空气成分相混合，在一定条件下会发生各种物理和化学变化，并可能生成一些新的污染物质，因此大气中的污染物可以分为一次污染物和二次污染物两类。一次污染物是指直接从各类污染源排出的物质。一次污染物经过各种物理化学反应所生成的一系列新的污染物称为二次污染物，例如硫酸烟雾就是二氧化硫经过反应生成的。

二、大气污染的危害

1. 危害人体

大气污染物对人体的危害是多方面的，主要表现为呼吸道疾病与生理机能障碍，以及眼、鼻等处的黏膜组织受到刺激而患病，大气污染是造成老年哮喘的慢性因素。

大气中污染物的浓度很高时，会造成急性污染中毒，或使病状恶化，甚至在几天内夺去几千人的生命。其实，即使大气中污染物浓度不高，若人体长年累月呼吸污染的空气，也会引起慢性支气管炎、支气管哮喘、肺气肿及肺癌等疾病。

2. 危害植物

大气污染物，尤其是二氧化硫、氟化物等对植物的危害是十分严重的。当污染物浓度很高时，会对植物产生急性危害，使植物叶表面产生伤斑，或者直接使叶枯萎脱落；当污染物浓度不高时，会对植物产生慢性危害，使植物叶片褪绿，或者表面上看不见什么危害症状，但植物的生理机能已受到了影响，造成植物产量下降，品质变坏。

3. 影响气候

大气污染物对天气和气候的影响是十分显著的，可以从以下几个方面加以说明：

（1）减少到达地面的太阳辐射量。从工厂、发电站、汽车、家庭取暖设备向大气中排放的大量烟尘微粒使空气变得非常浑浊，遮挡了阳光，使得到达地面的太阳辐射量减少。据观测统计，在大工业城市烟雾不散的日子里，太阳光直接照射到地面的量比没有烟雾的日子减少近 40%。如果大气污染严重的城市天天如此，就会导致人和动植物因缺乏阳光而生长发育不好。

（2）增加大气降水量。从大工业城市排出来的微粒，其中有很多具有水汽凝结核的作用。因此，当大气中有其他一些降水条件与之配合的时候，就会出现降水天气。在大工业城市的下风地区，降水量更多。

（3）酸雨。酸雨是大气中的污染物二氧化硫经过氧化形成硫酸，随自然界的降水下落形成的。硫酸雨能使大片森林和农作物毁坏，能使纸品、纺织品、皮革制品等腐蚀破碎，能使金属的防锈涂料变质而降低保护作用，还会腐蚀污染建筑物。

（4）热岛效应。在大工业城市上空，由于有大量废热排放到空中，因此，近地面空气的温度比四周郊区要高一些。这种现象在气象学中称作“热岛效应”。

经过研究，人们认为在有可能引起气候变化的各种大气污染物中，二氧化碳具有重大的作用。从地球上无数烟囱和其他废气管道排放到大气中的大量二氧化碳，约有 50% 留在大气里。二氧化碳能吸收来自地面的长波辐射，使近地面层空气温度增高，这叫作“温室效应”。经粗略估算，如果大气中二氧化碳含量增加 25%，近地面气温可以增加 0.5 ~ 2℃；如果增加 100%，近地面温度可以增加 1.5 ~ 6℃。有专家认为，如果大气中的二氧化碳含量按照 2000 年以后的速度增加下去，会使南北极的冰融化加速，导致全球的气候异常。

4. 危害器物

大气污染物对器物的危害有两类：一是大气污染物污染器物表面；二是器物被污染后，污染物与器物发生化学作用，使器物变质或腐蚀。如硫酸雾、盐酸雾、碱雾等玷污器物表面后造成严重腐蚀，光化学烟雾对橡胶制品的破坏作用等。大气污染物对金属材料和设备的腐蚀所造成的损失巨大。特别应该指出的是，许多艺术珍品也受到了大气污染的腐蚀和破坏。

三、常见污染物危害

1. 悬浮颗粒物

空气中可自然沉降的颗粒物称为降尘，而悬浮在空气中的粒径小于 100 μm的颗粒物通称为总悬浮颗粒物（TSP），其中粒径小于 10 μm的称为可吸入颗粒物（PM_{10}），粒径小于等于 2.5 μg 的称为细颗粒物（$PM_{2.5}$）。可吸入颗粒物因粒小体轻，能在大气中长期飘浮，飘浮范围从几千米到几十千米，可在大气中造成不断蓄积，使污染程度逐渐加重。可吸入颗粒物成分很复杂，并具有较强的吸附能力。例如可吸附各种金属粉尘、强致癌物苯并［*a*］芘和吸附病源微生物等。

可吸入颗粒物随人们呼吸空气而进入肺部，以碰撞、扩散、沉积等方式滞留在呼吸道不同的部位，粒径小于 5 μm 的多滞留在上呼吸道。滞留在鼻咽部和气管的颗粒物与进入人体的二氧化硫（SO_2）等有害气体产生刺激和腐蚀黏膜的联合作用，损伤黏膜、纤毛，引起炎症和增加气道阻力，持续不断的作用会导致慢性鼻咽炎、慢性气管炎。滞留在细支气管与肺泡的颗粒物也会与二氧化氮等产生联合作用，损伤肺泡和黏膜，引起支气管和肺部产生炎症。长期持续作用，还会诱发慢性阻塞性肺部疾患并出现继发感染，最终导致肺心病死亡率增高。

2. 氮氧化物

氮氧化物（包括 NO、NO_2）是常见的大气污染物质，能刺激呼吸器官，引起急性和慢性中毒，影响和危害人体健康。氮氧化物中的二氧化氮毒性最大，它比一氧化氮毒性高 4 ~ 5 倍。大气中氮氧化物主要来自汽车废气、煤和石油燃烧的废气。

氮氧化物主要是对呼吸器官有刺激作用。由于氮氧化物较难溶于水，因而能侵入呼吸道深部细支气管及肺泡，并缓慢地溶于肺泡表面的水分中，形成亚硝酸、硝酸，对肺组织产生强烈的刺激及腐蚀作用，引起肺水肿。亚硝酸盐进入血液后，与血红蛋白结合生成高铁血红蛋白，引起组织缺氧。在一般情况下，当污染物以二氧化氮为主时，对肺的损害比较明显，二氧化氮与支气管哮喘的发病也有一定的关系；当污染物以一氧化氮为主时，高铁血红蛋白症和中枢神经系统损害比较明显。

空气中二氧化氮浓度与人体健康密切相关，曾发生过因短时期暴露在高浓度二氧化氮中引起疾病和死亡的事件。如 1929 年 5 月 15 日，在克里夫兰的克里尔医院发生的一次火灾中，有 124 人死亡，死亡的直接原因就是含有硝化纤维的感光胶片着火而产生大量的二氧化氮。

3. 二氧化硫

二氧化硫是一种常见的和重要的大气污染物，是一种无色有刺激性的气体。二氧化硫主要来源于含硫燃料（如煤和石油）的燃烧，含硫矿石（特别是含硫较多的有色金属矿石）的冶炼，化工、炼油和硫酸厂等的生产过程。

二氧化硫对人体的危害：

（1）刺激呼吸道。二氧化硫易溶于水，当其通过鼻腔、气管、支气管时，多被管腔内膜水分吸收阻留，变成亚硫酸、硫酸和硫酸盐，使刺激作用增强。

（2）二氧化硫和悬浮颗粒物的联合毒性作用。二氧化硫和悬浮颗粒物一起进入人体，气溶胶微粒能把二氧化硫带到肺深部，使毒性增加 3 ~ 4 倍。此外，当悬浮颗粒物中含有三氧化二铁等金属成分时，可以催化二氧化硫氧化成酸雾，吸附在微粒的表面，被带入呼吸道深部。硫酸雾的刺激作用比二氧化硫约强 10 倍。

（3）二氧化硫的促癌作用。动物实验证明 $10mg/m^3$ 的二氧化硫可加强致癌物苯并 [*a*] 芘的致癌作用。在二氧化硫和苯并 [*a*] 芘的联合作用下，动物肺癌的发病率高于单个致癌因子的发病率。

此外，二氧化硫进入人体时，血中的维生素便会与之结合，使体内维生素 C 的平衡失调，从而影响新陈代谢。二氧化硫还能抑制、破坏或激活某些酶的活性，使糖和蛋白质的代谢发生紊乱，从而影响机体生长发育。

4. 一氧化碳

一氧化碳是一种无色、无味、无臭、无刺激性的有毒气体，几乎不溶于水，在空气中不容易与其他物质发生化学反应，故可在大气中停留很长时间。如局部污染严重，可对健康产生一定危害。一氧化碳属于内窒息性毒物。空气中一氧化碳浓度达到一定程度，就会引起种种中毒症状，甚至死亡。一氧化碳是煤、石油等含碳物质不完全燃烧的产物。一些自然灾害如火山爆发、森林火灾、矿坑爆炸和地震等灾害事件，也能造成局部地区一氧化碳的浓度增高。吸烟也被认为是一氧化碳的污染来源之一。

随空气进入人体的一氧化碳，在经肺泡进入血液循环后，能与血液中的血红蛋白（Hb）等结合。一氧化碳与血红蛋白的亲和力比氧与血红蛋白的亲和力高 200 ~ 300 倍，因此，当一氧化碳侵入机体后，便会很快与血红蛋白合成碳氧血红蛋白

(COHb)，阻碍氧与血红蛋白结合成氧合血红蛋白 (HbO_2) 造成缺氧，形成一氧化碳中毒。当吸入浓度为 0.5% 的一氧化碳，只要 20 ~ 30min，中毒者就会出现脉弱、呼吸变慢的症状，最后衰竭致死。这种急性一氧化碳中毒常发生在车间事故和家庭取暖不慎时。

长时间接触低浓度的一氧化碳对人体心血管系统、神经系统乃至对后代均有一定影响。

5. 光化学烟雾

光化学烟雾是排入大气的氮氧化物和碳氢化物受太阳紫外线作用产生的一种具有刺激性的烟雾。它包含有臭氧(O_3)、醛类、硝酸酯类(PAN)等多种复杂化合物。这些化合物都是光化学反应生成的二次污染物和光化学氧化剂。当遇逆温或不利于扩散的气象条件时，烟雾会积聚不散，造成光化学污染事件，使人眼和呼吸道受刺激或诱发各种呼吸道炎症，危及人体健康。这种污染事件最早出现在美国洛杉矶，所以又称洛杉矶光化学烟雾。20 世纪末开始，光化学烟雾不仅在美国出现，而且在日本的东京、大阪、川崎，澳大利亚的悉尼，意大利的热那亚和印度的孟买等许多汽车众多的城市都先后出现过。

大气中的氮氧化合物和碳氢化合物主要来自汽车尾气石油和煤燃烧的废气及大量使用挥发性有机溶剂等。在太阳紫外线的作用下发生化学反应，生成臭氧和醛类等二次污染物。在光化学反应中，臭氧约占 85% 以上。日光辐射强度是形成光化学烟雾的重要条件，因此在一年中，夏季是常发生光化学烟雾的季节；而在一日中，下午2时前后是光化学烟雾达到峰值的时刻。光化学氧化剂可由城市污染区扩散到100km甚至700km以外。在汽车排气污染严重的城市，大气中臭氧浓度的增高，可视为光化学烟雾形成的信号。

光化学烟雾对人体最突出的危害是刺激眼睛和上呼吸道黏膜，引起眼睛红肿和喉炎，这可能与产生的醛类等二次污染物的刺激有关。光化学烟雾对人体的另一些危害则与臭氧浓度有关。当大气中臭氧的浓度达到200～1 000μm/m^{3}时，会引起哮喘发作，导致上呼吸道疾患恶化，同时刺激眼睛，使视觉敏感度和视力降低；浓度在400～1 600μm/m^{3}时，只要接触两小时就会出现气管刺激症状，引起胸骨下疼痛和肺通透性降低，使机体缺氧；浓度再高时，就会出现头痛，并使肺部气道变窄，出现肺气肿。接触时间过长，还会损害中枢神经，导致思维紊乱。作为大气氧化剂，臭氧还可引起潜在性的全身影响，如诱发淋巴细胞染色体畸变、损害酶的活性和溶血反应、影响甲状腺功能、使骨骼早期钙化等。长期吸入臭氧会影响体内细胞的新陈代谢，加速衰老。

预防光化学烟雾要采取一系列综合性的措施，其中包括制定法规，监测废气排放，改良汽车排气系统和提高汽油质量及减少挥发性有机物，如油漆、涂料的使用等。

四、大气污染危害典型事例

国外大气污染始于18世纪下半叶，工业革命使生产力得以迅速发展，化石燃料成为主要能源，燃料燃烧等造成的大气污染日趋严重，近代国际上有好几次重大的空气污染事故，事故期中的死亡人数与该地区平时的死亡人数相比，往往超过很多。以下是几次比较典型的大气污染事故：

（1）比利时马斯河谷事件：1930 年 12 月，比利时马斯河谷工业区排放的工业有害废气和粉尘对人体造成综合影响，一周内近 60 人死亡，市民中心脏病、肺病患者的死亡率增高，家畜死亡率也大大增高。

（2）美国洛杉矶烟雾事件：20 世纪 40 年代，美国洛杉矶的大量汽车废气在紫外线照射下产生的光化学烟雾，造成许多人眼睛红肿、咽炎、呼吸道疾病恶化乃至思维紊乱、肺水肿。

（3）美国多诺拉事件：1948 年 10 月，美国宾夕法尼亚州多诺拉镇的二氧化硫及其氧化物与大气粉尘结合，使大气产生严重污染，造成 5 911 人暴病。

（4）英国伦敦烟雾事件：1952 年 12 月 5—8 日，英国伦敦由于冬季燃煤引起的煤烟性烟雾，导致 4 天时间 4 000 多人死亡，两个月后又有 8 000 多人死亡。

（5）日本四日市废气事件：1961 年，日本四日市由于石油冶炼和工业燃油产生的废气严重污染大气，引起居民呼吸道疾病剧增，尤其是哮喘病的发病率大大提高。

经过多次大气污染事故，人们逐渐意识到了大气环境保护的重要性。20 世纪 70 年代以后，全球各国更加重视环境保护，花费了大量的人力、物力和财力，使环境污染逐步得到控制，环境空气质量有所改善，但仍存在一些全球性的大气环境问题，如酸雨、温室效应及臭氧层破坏等。

五、全国环境空气质量情况

我国经过几年的大气污染防治行动，蓝天保卫战成果显著。2017 年，全国 338 个地级及以上城市中，有 99 个城市环境空气质量达标，占全部城市数的 29.3%；239 个城市环境空气质量超标，占 70.7%。338 个城市平均优良天数比例为 78.0%，比 2016 年下降 0.8 个百分点；平均超标天数比例为 22.0%。5 个城市优良天数比例为 100%，170 个城市优良天数比例在 80% ~ 100% 之间，137 个城市优良天数比例在 50% ~ 80% 之间，26 个城市优良天数比例低于 50%。

338 个城市发生重度污染 2 311 天次、严重污染 802 天次，以 $PM_{2.5}$ 为首要污染物的天数占重度及以上污染天数的 74.2%，以 PM_{10} 为首要污染物的占 20.4%，以 O_3 为首要污染物的占 5.9%。其中，有 48 个城市重度及以上污染天数超过 20 天，分布在新疆、河北、河南等 12 个省份（部分城市受沙尘影响）。

$PM_{2.5}$ 年均浓度范围为 10 ~ 86 μg/m^3，平均为 43 μg/m^3，比 2016 年下降 6.5%；超标天数比例为 12.4%，比 2016 年下降 1.7 个百分点。PM_{10} 年均浓度范围为 23 ~ 154 μg/m^3，平均为 75 μg/m^3，比 2016 年下降 5.1%；超标天数比例为 7.1%，比 2016 年下降 2.3 个百分点。O_3 日最大 8 小时平均第 90 百分位数浓度范围为 78 ~ 218 μg/m^3，平均为

149 μg/m³，比 2016 年上升 8.0%；超标天数比例为 7.6%，比 2016 年上升 2.4 个百分点。SO_2 年均浓度范围为 2 ~ 84 μg/m³，平均为 18 μg/m³，比 2016 年下降 18.2%；超标天数比例为 0.3%，比 2016 年下降 0.2 个百分点。NO_2 年均浓度范围为 9 ~ 59 μg/m³，平均为 31 μg/m³，比 2016 年上升 3.3%；超标天数比例为 1.5%，比 2016 年下降 0.1 个百分点。CO 日均值第 95 百分位数浓度范围为 0.5 ~ 5.1 mg/m³，平均为 1.7 mg/m³，比 2016 年下降 10.5%；超标天数比例为 0.3%，比 2016 年下降 0.1 个百分点。若不扣除沙尘影响，338 个城市中，环境空气质量达标城市比例为 27.2%，超标城市比例为 72.8%；$PM_{2.5}$ 和 PM_{10} 平均浓度分别为 44 μg/m³ 和 80 μg/m³，分别比 2016 年下降 6.4% 和 2.4%。

京津冀地区 13 个城市优良天数比例范围为 38.9% ~ 79.7%，平均为 56.0%，比 2016 年下降 0.8 个百分点；平均

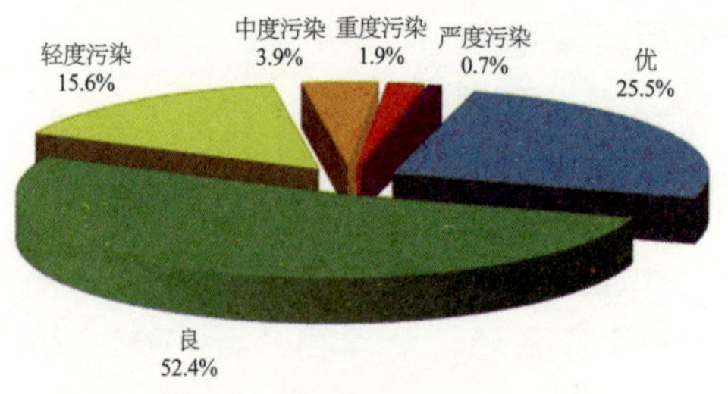

2017 年 338 个城市环境空气质量级别比例

超标天数比例为 44.0%，其中轻度污染为 25.9%，中度污染为 10.0%，重度污染为 6.1%，严重污染为 2.0%。8 个城市优良天数比例在 50% ~ 80% 之间，5 个城市优良天数比例低于 50%。超标天数中，以 $PM_{2.5}$、O_3、PM_{10} 和 NO_2 为首要污染物的天数分别占污染总天数的 50.3%、41.0%、8.9% 和 0.3%，未出现以 CO 和 SO_2 为首要污染物的污染天。

2017 年，463 个监测降水的城市（区、县）中，酸雨频率平均为 10.8%，比 2016 年下降 1.9 个百分点。出现酸雨的城市比例为 36.1%，比 2016 年下降 2.7 个百分点；酸雨频率在 25% 以上的城市比例为 16.8%，比 2016 年下降 3.5 个百分点；酸雨频率在 50% 以上的城市比例为 8.0%，比 2016 年下降 2.1 个百分点；酸雨频率在 75% 以上的城市比例为 2.8%，比 2016 年下降 1.0 个百分点。酸雨区面积约 62 万 km^2，占国土面积的 6.4%，比 2016 年下降 0.8 个百分点；其中，较重酸雨区面积占国土面积的比例为 0.9%。

空气质量指数

一、空气质量指数（AQI）的由来

2012 年 2 月 29 日，国务院常务会议通过了新修订的《环境空气质量标准》。新标准增加了细颗粒物（$PM_{2.5}$）和臭氧（O_3）8 小时浓度限值监测指标。这是中国首次将 $PM_{2.5}$ 纳入空气质量标准，也是首次由国务院通过的环境空气质量标准，并提出了分期实施新标准的时间要求：2012 年，京津冀、长三角、珠三角等重点区域以及直辖市和省会城市；2013 年，113 个环境保护重点城市和国家环保模范城市；2015 年，所有地级以上城市；2016 年 1 月 1 日，全国实施新标准。

空气质量指数（AQI）与空气污染指数（API）的区别

空气污染指数，英文名为 Air Pollution Index，简称 API，是将常规监测的几种空气污染物浓度简化成为单一的概念性指数值形式，并分级表征空气污染程度和空气质量状况，适合于表示城市的短期空气质量状况和变化趋势。空气污染的污染物有烟尘、总悬浮颗粒物、可吸入悬浮颗粒物（浮尘）、二氧化氮、二氧化硫、一氧化碳、臭氧、挥发性有机物等。

在中国，API 是根据 1996 年颁布的空气质量“旧标准”（《环境空气质量标准》GB 3095—1996）制定的空气质量评价指数，评价指标有二氧化硫、二氧化氮、可吸入颗粒物（PM_{10}）3 项污染物。从 2011 年末开始，多个城市出现严重灰霾天气，市民的实际感受与 API 显示出的良好形势反差强烈，呼吁改进空气评价标准的呼声日趋强烈，也是从那时起，原本陌生的专业术语 $PM_{2.5}$ 逐渐成为热词。

灰霾的形成主要与 $PM_{2.5}$（直径小于等于 2.5 μm 的颗粒物）有关。

为此，空气质量新标准——《环境空气质量标准》（GB 3095—2012）在 2012 年初出台，对应的空气质量评价体系也变成了 AQI。“污染指数”变成了“质量指数”，在 API 的基础上增加了细颗粒物（$PM_{2.5}$）、臭氧（O_3）、一氧化碳（CO）3 种污染物指标，发布频次也从每天一次变成每小时一次。

空气质量指数，英文名为 Air Quality Index，简称 AQI，就是根据环境空气质量标准和各项污染物对人体健康、生态、环境的影响，将常规监测的几种空气污染物浓度简化成为单一的概念性指数值形式，它将空气污染程度和空气质量状况分级表示，适合于表示城市的短期空气质量状况和变化趋势。针对单项污染物还规定了空气质量分指数。参与空气质量评价的 6 项常规污染物为 $PM_{2.5}$、PM_{10}、二氧化硫、二氧化氮、臭氧、一氧化碳。

AQI 与原来发布的空气污染指数（API）有着很大的区别。

AQI分级计算参考的标准是新的《环境空气质量标准》（GB 3095—2012），参与评价的污染物为SO_2、NO_2、PM_{10}、$PM_{2.5}$、O_3、CO等6项；而API分级计算参考的标准是旧的《环境空气质量标准》（GB 3095—1996），评价的污染物仅为SO_2、NO_2和PM_{10}等3项，且AQI采用分级限制标准更严。因此AQI较API监测的污染物指标更多，评价结果更加客观。

二、空气质量分级

根据《环境空气质量指数（AQI）技术规定（试行）》（HJ 633—2012）规定：空气污染指数划分为0～50、51～100、101～150、151～200、201～300和大于300六级，对应于空气质量的六个级别，指数越大，级别越高，说明污染越严重，对人体健康的影响也越明显。

空气质量指数分级表

AQI数值	AQI级别	AQI状况	表示颜色	对健康影响情况	建议采取的措施
0～50	一级	优	绿色	空气质量令人满意，基本无空气污染	各类人群可正常活动
51～100	二级	良	黄色	空气质量可接受，但某些污染物可能对极少数异常敏感人群健康有较弱影响	建议极少数异常敏感人群应减少户外活动

AQI 数值	AQI 级别	AQI 状况	表示颜色	对健康影响情况	建议采取的措施
101 - 150	三级	轻度污染	橙色	易感人群症状有轻度加剧，健康人群出现刺激症状	建议儿童、老年人及心脏病、呼吸系统疾病患者应减少长时间、高强度的户外锻炼
151 ~ 200	四级	中度污染	红色	进一步加剧易感人群症状，可能对健康人群心脏、呼吸系统有影响	建议疾病患者避免长时间、高强度的户外锻炼，一般人群适量减少户外运动
201 ~ 300	五级	重度污染	紫色	心脏病和肺病患者症状显著加剧，运动耐受力降低，健康人群普遍出现症状	建议儿童、老年人和心脏病、肺病患者应停留在室内，停止户外运动，一般人群减少户外运动
> 300	六级	严重污染	褐红色	健康人群运动耐受力降低，有明显强烈症状，提前出现某些疾病	建议儿童、老年人和病人应当留在室内，避免体力消耗，一般人群应避免户外活动

三、空气质量预报

如今，很多人每天出门前除了关心天气状况外，又多了一项关心的新指标，那就是空气污染状况预报。

空气质量预报是根据气象条件（风、稳定度、降水及天气形势等）和污染源排放情况对某个区域未来的污染浓度及空间分布发出预报。

按内容一般可分为两类：一是空气污染气象预报（潜势预

报），主要预测未来的气象条件对大气中污染物的稀释扩散是否有利；二是空气污染浓度预报，主要根据气象参数和污染资料预测出污染物的浓度分布。另外，按尺度还可将空气污染预报分为区域预报、城市预报和特定源预报三种。

1. 空气污染气象预报

空气污染潜势预报是在某一气象条件下，空气稀释扩散及自我净化能力的预报，它仅和气象因子有关，而不考虑是否有污染物的排放。

通过空气污染潜势预报可预测出将来的气象条件是否有利于污染物的稀释与扩散，大气污染程度是减轻还是加重；通过空气质量预报可给出控制区未来一段时间内的空气质量等级（污染物浓度范围）。

2. 空气污染浓度预报

空气污染浓度预报对经某一气象条件作用后的空气质量等级（污染物浓度范围）做出预报。

空气污染预报可指导生产、为防止重大污染事件的发生，减轻污染事件的危害程度起重大作用。

3. 预报目的

空气污染预报的主要目的是在将有严重污染出现或污染浓度超过某一限值时发出警报，供有关部门采取措施防止危害事件发生。空气污染预报目前仍处在研究发展阶段。

灰霾

一、什么是灰霾

“霾”古已有之，《尔雅》有云：“风而雨土曰霾”。意为飞扬的沙尘雨雾等脏东西造就了古代意义的“霾”。如今，我们在清晨目光所及空间，有时是灰蒙蒙一片，能见度不高，空气中有时候还有一股怪味。这是雾吗？不是。在城市中，尤其是干燥的条件下，我们眼睛所见的朦胧灰雾，十之八九都是霾。

一般来说，“雾”和“霾”是两种现象。雾是气象现象，根据气象学的定义，凡是大气中因悬浮的云雾滴（水滴）导致的能见度低于 1km 时，这种天气现象就称为雾；而霾则是环境学现象，又称“灰霾”，指大量极细微的干尘粒等均匀地浮游在空中，使水平能见度小于 10km 的空气普遍浑浊的现象，这里的干尘粒指的是干气溶胶粒子。出现霾时，能见度小于 10km 的就属于灰霾现象，小于 5 ~ 8km 属于中度灰霾现象，小于 3 ~ 5km 属于重度灰霾现象，小于 3km 则是严重的灰霾现象。雾和霾在一天之中可以变换角色，甚至在同一区域内的不同地方，雾和霾也可能各有侧重。“雾霾”现象通常会相伴出现并可以转换。

二、灰霾的形成

灰霾的形成主要有三方面因素，总结起来主要有“外因”和“内因”。

“外因”主要有两点：一是水平方向静风现象的增多。随着城市建设的迅速发展，大楼越建越高，增大了摩擦系数，使风流经城区时明显减弱。静风现象增多，不利于大气污染物向城区外围扩展稀释，并容易在城区内积累高浓度污染。二是垂直方向逆温现象的出现。逆温层好比一个锅盖覆盖在城市上空，使城市上空出现了高空比低空气温更高的逆温现象。污染物在正常气候条件下，从气温高的低空向气温低的高空扩散，逐渐循环排放到大气中；但是逆温现象下，低空的气温反而更低，导致污染物的停留，不能及时扩散出去而造成了累积。

“内因”则是悬浮颗粒物的增多。近些年来随着工业的发展、建筑工地的增多和机动车数量的猛增，城市中悬浮的细颗粒物大量增加，直接造成了能见度降低，使得整个城市看起来灰蒙蒙一片。此外，在适宜的光照、相对湿度等气象条件下，一次排放源排放出的 SO_2、NO_x 等气态污染物也能通过多种途径形成二次颗粒物。二次颗粒物也称二次粒子，它不是直接由污染源排放的，而是由大气中的气态污染物通过光化学氧化反应生成的。主要包括二次硫酸盐、二次硝酸盐和二次有机物等。

为什么灰霾会造成能见度下降？这是因为在自然条件下，太阳光照射在景物上，发生反射，反射的光进入人的眼睛，从而使人能够看到景物；随着颗粒物的增加，原本可以直接被人眼捕获的部分反射光线，经颗粒物的散射作用而偏离或者经颗粒物的吸收作用而消失，最终使得进入人眼的光线减少，而导致能见度降低。这就叫颗粒物的“消光作用”。

三、灰霾的危害

近年来，由于环境保护意识的普遍提高，人们对于灰霾的关注越来越多，那么，灰霾对于人体健康到底有什么危害呢？

据了解，粒径 10 μm以上的颗粒物，会被挡在人的鼻子外面；粒径在 2.5 ~ 10 μm之间的颗粒物，能够进入上呼吸道，但部分可通过痰液等排出体外，另外也会被鼻腔内部的绒毛阻挡，对人体健康危害相对较小；而粒径在 2.5 μm以下的细颗粒物，直径不足人类头发丝的 1/20 大小，不易被阻挡。大于 10 μm的气溶胶粒子可引起慢性鼻炎、支气管炎、哮喘、皮疹……而小于 10 μm的气溶胶粒子可直接进入肺部，特别是 0.01 ~ 1 μm的粒子有 50% 会沉积在肺中，损伤肺部细胞，造成肺硬化。被吸入人体后会直接进入支气管，干扰肺部的气体交换，这些颗粒还可以通过支气管和肺泡进入血液，其中的有害气体和重金属等溶解在血液中，主要对呼吸系统和心血管系统造成伤害，包括呼吸道受刺激、咳嗽、呼吸困难、降低肺功能、加重哮喘，对慢性支气管炎、心律失常、非致命性的心脏病、心肺病患者的健康带来危害。其中，老人、小孩及心肺疾病患者是 $PM_{2.5}$ 污染的敏感人群。

2017 年，在国际顶级科学期刊《新英格兰医学杂志》发表的《美国空气污染和老年医疗保险人群死亡率的关系》一文中，研究人员利用整个老年医疗保险人群确定全因死亡率和空气中细颗粒物之间的关系，结果显示即使是在低于当前空气质量标准的浓度下，较高的颗粒物水平也与较高的死亡率相关。在空气达标前提下，细颗粒物浓度每提高 10 μm/m^3，每 10 000 老年人增加死亡 36 人。中国工程院院士、广州呼吸疾病研究所所长钟南山曾在珠江三角洲大气污染防治高峰论坛上表示，灰霾天气比香烟更易致癌。他指出，近 30 年来，我国公众吸烟率不断下降，但肺癌患病率却上升了 4 倍多。从某种程度上来说，这恐怕就是灰霾天所导致的。他表示，只要一到灰霾天，广州呼吸病研究所的病人就会增加 15%。

四、灰霾天如何防护

专家提醒人们，冬春季节是我国中东部灰霾多发时节，灰霾天气发生时，喜欢晨练的人应该尽量避免户外活动。否则，越是剧烈运动，吸入肺部的毒物越多，无形中成了毒雾的吸尘器。如果出行，最好要戴上口罩。抵抗力较弱的孩子应该尽量待在室内，防止患上呼吸道疾病。这个时候也应少开窗，因为室内的空气比室外干净。这种天气还可能会诱发高血压、脑溢血等疾病。持续的灰霾天会使心脏病和肺病患者症状加重，甚至陷入危重状态，要及时救治。健康人群会出现不适症状，外出回来后应该清洗面部及裸露的肌肤。多喝水、多吃新鲜的富含维生素的水果，防止水分的丢失，一旦发现身体不适，应立即到医院就诊。提醒儿童、老年人和心脏病、肺病患者及过敏性疾病患者应当留在室内，停止户外运动，一般人群减少户外运动。倡导公众绿色出行和绿色生活，尽量乘坐公共交通工具或电动汽车等方式出行，减少祭祀烧纸等行为。

1. 特殊人群

应对灰霾天气，根据年龄、职业性质、特殊生理状态的不同，分为老年人、儿童、室外作业人员（如交警、建筑工人）、孕妇、有慢性疾病人群等。

2. 老年人

老年人在室内时间较多，要格外注意清洁卫生，习惯用笤帚扫地的老年人不妨改用吸尘器，地毯、抹布、沙发套等及时清洗；煎、炒等传统的烹饪方法易产生大量油烟，污染室内空气，建议在家做饭多用蒸、煮等方式。

3. 儿童

儿童身体发育不完全，灰霾天气灰尘、颗粒会通过孩子们的呼吸道直接侵害其健康，容易引起呼吸道疾病，如感冒、咳嗽、鼻炎、支气管炎、哮喘等。对儿童的防护从以下几个方面进行。

首先，通过学校的宣传和知识普及让儿童对雾霾天气以及对健康的影响有直接关系和感官认识；其次，提高家长自身对孩子的防护意识；最后，减少室外活动，将户外活动改为室内活动，从而减少灰霾对儿童的影响。此外，在平时的生活中，毛绒玩具表面的灰尘、细菌较多，尽量少给孩子玩或常清洗，让孩子的活动远离污染严重的交通干道，临街住的，避免在交通高峰期开窗通风。

4. 室外作业人员

灰霾天气持续发生会让不少人在室外感到不舒服，但一般来说我们在室外的时间较少，多数时间待在室内。但对于需要长时间在室外工作的作业人员例如建筑工人、环卫工人、交警等，他们暴露在雾霾中的时间更长，接触量更大。因此，强调和关注室外作业人员对雾霾天气的防护十分有必要。

5. 孕妇

孕妇要适当休息，避免过度劳累，保证充足的睡眠，减少心理压力。同时，孕妇也不能一味休息，仍应适当活动，保持乐观的情绪。一是多吃含锌食物；二是补充维生素 C；三是提高室内空气的相对湿度。

6. 慢性疾病

灰霾对于患有哮喘、慢性支气管炎、慢性阻塞性肺病等呼吸系统疾病的人群会引起气短、胸闷等不适，可能造成肺部感染，或出现急性加重反应。糖尿病患者因自身抵抗力较弱，更易患感冒。$PM_{2.5}$ 对心、脑血管疾病等慢性病患者有较大的破坏力，会增加心脏病患者的心脏负担，诱发脑梗死等。

灰霾天最好减少外出，外出时建议佩戴防护效果较好的口罩。但是，不是人人都适合戴口罩。呼吸道疾病患者特别是呼吸困难的人，戴上口罩后反而人为地制造了呼吸障碍，心脏病、肺气肿、哮喘患者不适合长时间戴口罩。有慢性病的患者，建议避免在清晨雾气正浓时出门购物、参加各种户外活动，要多饮水，注意休息。若身体出现不适，要尽快前往医院就医。

7. 专业用嗓防护

专业用嗓人士如教师、讲师、歌手、主持人、销售人员等，经常需要用到嗓子，本就是咽喉疾病的高发人群，在雾霾天气更容易出现咽喉问题。建议雾霾天气尽量减少用嗓，让嗓子充分休息，外出要戴口罩，保持室内的温湿度，多饮水，可以喝一些中药代茶饮，防治咽喉的不适症状，常用有保护声带的作用。

8. 防护设备的选择

（1）N95 型口罩：N95 型口罩，是美国国家职业安全卫生研究所（NIOSH）认证的 9 种防颗粒物口罩中的一种。“N”的意思是不适合油性的颗粒（炒菜产生的油烟就是油性颗粒物，而人说话或咳嗽产生的飞沫不是油性的）；“95”是指，在 NIOSH 标准规定的检测条件下，过滤效率达到 95%。N95 不是特定的产品名称，只要符合 N95 标准，并且通过 NIOSH 审查的产品就可以称为“N95 型口罩”。

（2）KN90 口罩：防尘口罩按性能分为 KN 和 KP 两类，KN 类只适用于过滤非油性颗粒物，KP 类适用于过滤油性和非油性颗粒物。主要适用于有色金属加工、冶金、钢铁、炼焦、煤气、有机化工、食品加工、建筑、装饰、石化及沥青等产生的 0.185 μm以上的粉尘、烟、雾等油性及非油性颗粒物污染物的行业从业人员。对于以 0.075 μm 为基准值的非油性颗粒物过滤率超过 90%。

（3）防毒面具：防毒面具作为个人防护器材，用于对人员的呼吸器官，眼睛及面部皮肤提供有效防护，防止毒气、粉尘、细菌等有毒物质伤害的个人防护器材。防毒面具广泛应用于石油、化工、矿山、冶金、军事、消防、抢险救灾、卫生防疫和科技环保等领域。

（4）空气净化器：空气净化器又称“空气清洁器”“空气清新机”，是指能够吸附、分解或转化各种空气污染物（一般包括粉尘、花粉、异味、甲醛、细菌、过敏原等），有效提高空气清洁度的产品。以清除室内空气污染的家用和商用空气净化器为主。

大气污染防治

一、大气污染防治

大气污染综合防治是指在一个特定区域内，把大气环境看作一个整体，统一规划能源结构、工业发展、城市建设布局等，综合运用各种防治污染的技术措施，充分利用环境的自净能力，以改善大气质量。

局地性污染和区域性污染是多种污染源造成的，并受该地区的地形、气象、绿化面积、能源结构、工业结构、交通管理、人口密度等多种自然因素和社会因素的影响。大气污染物不可能集中起来进行统一处理，因此只靠单项治理措施解决不了区域性的大气污染问题。

大气污染综合防治应立足于环境问题的区域性、系统性和整体性。大气污染作为环境污染的一个方面，只有纳入区域环境综合防治中，才能真正解决污染问题。例如，对于我国大中城市存在的颗粒物和 SO_2 等污染的控制，除了应对工业企业的集中点源进行污染物排放总量控制外，还应同时对分散的居民生活用燃料结构、燃用方式、炉具等进行控制和改革，将机动车排气、城市道路扬尘、建筑施工现场环境、城市绿化、城市环境卫生、城市功能区规划等方面一并纳入城市环境规划与管理，才能取得综合防治的显著效果。同时，大气污染综合防治必须充分考虑技术可行性、经济合理性、实施可能性和区域适应性，必须进行优化选择及评价，从而确定最佳的控制技术方案和工程措施。

二、治理技术

2014 年，科技部与环境保护部在组织实施《蓝天科技工程“十二五”专项规划》的基础上，对大气污染防治方面的科研成果及应用情况进行了全面梳理和筛选评估，编制形成了《大气污染防治先进技术汇编》，并于 2014 年 3 月 5 日正式发布。《大气污染防治先进技术汇编》涵盖电站锅炉烟气排放控制、工业锅炉及炉窑烟气排放控制、典型有毒有害工业废气净化、机动车尾气排放控制、居室及公共场所典型空气污染物净化、无组织排放源控制、大气复合污染监测模拟与决策支持、清洁生产等八个领域的关键技术，入选技术大多源于“十一五”以来相关国家科技计划项目或自主创新的研究成果。

序号	技术名称	技术内容	适用范围
一、电站锅炉烟气排放控制关键技术			
1	燃煤电站锅炉石灰石/石灰-石膏湿法烟气脱硫技术	采用石灰石或石灰作为脱硫吸收剂，在吸收塔内，吸收剂浆液与烟气充分接触混合，烟气中的二氧化硫与浆液中的碳酸钙（或氢氧化钙）以及鼓入的氧化空气进行化学反应从而被脱除，最终脱硫副产物为二水硫酸钙即石膏。该技术的脱硫效率一般大于95%，可达98%以上；SO_2排放浓度一般小于100mg/m^3，可达50mg/m^{3}以下。单位投资大致为150~250元/kW；运行成本一般低于1.5分/kW·h	燃煤电站锅炉
2	火电厂双相整流湿法烟气脱硫技术	利用在脱硫吸收塔入口与第一层喷淋层间安装的多孔薄片状设备，使进入吸收塔的烟气经过该设备后流场分布更均匀，同时烟气与在该设备上形成的浆液液膜撞击，促进气、液两相介质发生反应，达到脱除一部分SO_2的目的。该技术将喷淋塔和鼓泡塔技术相结合，对提高脱硫效率、减少浆液循环量有显著效果，特别适用于脱硫达标改造项目。双相整流装置能提高系统脱硫效率20%~30%，整体脱硫效率可达97%以上；阻力为600~700Pa，单位投资大致为3~6元/kW·h，电耗降低约250~850 kW·h/h	燃煤电站锅炉
3	燃煤锅炉电石渣-石膏湿法烟气脱硫技术	采用电石渣作为脱硫吸收剂，在吸收塔内，吸收剂浆液与烟气充分接触混合，烟气中的二氧化硫与浆液中的氢氧化钙以及鼓入的氧化空气进行化学反应从而被脱除，最终脱硫副产物为二水硫酸钙即石膏。该技术的脱硫效率一般大于95%，可达98%以上；SO_2排放浓度一般小于100mg/m^3，可达50mg/m^{3}以下；单位投资大致为150~250元/kW；运行成本一般低于1.35分/kW·h	燃煤电站锅炉

序号	技术名称	技术内容	适用范围
4	循环流化床干法 / 半干法烟气脱硫除尘及多污染物协同净化技术	以循环流化床原理为基础，通过物料的循环利用，在反应塔内吸收剂、吸附剂、循环灰形成浓相的床态，并向反应塔中喷入水，烟气中多种污染物在反应塔内发生化学反应或物理吸附；经反应塔净化后的烟气进入下游的除尘器，进一步净化烟气。此时烟气中的 SO_2 和几乎全部的 HCl、HF 等酸性成分被吸收而除去，生成 $CaSO_3 \cdot 1/2\ H_2O$、$CaSO_4 \cdot 1/2\ H_2O$ 等副产物。该技术的脱硫效率一般大于 90%，可达 98% 以上；SO_2 排放浓度一般小于 100mg/m^3，可达 50mg/m^3 以下；单位投资大致为 150~250 元 /kW；在不添加任何吸附剂及脱硝剂的条件下运行成本一般为 0.8~1.2 分 /kW · h	燃煤电站锅炉
二、工业锅炉及炉窑烟气排放控制关键技术			
21	石灰石 - 石膏湿法脱硫技术	采用石灰石作为脱硫吸收剂，在吸收塔内，吸收剂浆液与烟气充分接触混合，烟气中的二氧化硫与浆液中的碳酸钙（或氢氧化钙）以及鼓入的氧化空气进行化学反应从而被脱除，最终脱硫副产物为二水硫酸钙即石膏。该技术的脱硫效率一般大于 95%，可达 98% 以上；SO_2 排放浓度一般小于 100mg/m^3，可达 50mg/m^3 以下；单位投资大致为 150~250 元 /kW 或 15~25 万元 /m^2 烧结面积；运行成本一般低于 1.5 分 /kW · h	工业锅炉 / 钢铁 烧结烟气
22	电石渣 - 石膏湿法烟气脱硫技术	采用电石渣作为脱硫吸收剂，在吸收塔内，吸收剂浆液与烟气充分接触混合，烟气中的二氧化硫与浆液中的氢氧化钙以及鼓入的氧化空气进行化学反应从而被脱除，最终脱硫副产物为二水硫酸钙即石膏。该技术的脱硫效率一般大于 95%，可达 98% 以上；SO_2 排放浓度一般小于 100mg/m^3，可达 50mg/m^3 以下；单位投资大致为 150~250 元 /kW；运行成本一般低于 1.35 分 /kW · h	工业锅炉

序号	技术名称	技术内容	适用范围
23	白泥－石膏湿法烟气脱硫技术	采用白泥作为脱硫吸收剂，在吸收塔内，吸收剂浆液与烟气充分接触混合，烟气中的二氧化硫与浆液中的碳酸钙（或氢氧化钠）以及鼓入的氧化空气进行化学反应从而被脱除，最终脱硫副产物为二水硫酸钙即石膏。该技术的脱硫效率一般大于 95%，可达 98% 以上；SO_2 排放浓度小于 100mg/m^3，可达 50mg/m^3 以下；单位投资大致为 150~250 元 /kW；运行成本一 般低于 1.35 分 /kW · h	工业锅炉
24	钢铁烧结烟气循环流化床法脱硫技术	将生石灰消化后引入脱硫塔内，在流化状态下与通入的烟气进行脱硫反应，烟气脱硫后进入布袋除尘器除尘，再由引风机经烟囱排出，布袋除尘器除下的物料大部分经吸收剂循环输送槽返回流化床循环使用。该技术脱硫率略低于湿法，吸收剂利用率高，结构紧凑，操作简单，运行可靠，脱硫产物为固体，无制浆系统，无二次污染，脱硫塔体积小，投资省，不易堵塞。烟气中的 SO_2 和几乎全部的 HCl、HF 等酸性成分被吸收而除去，生成 $CaSO_3 \cdot 1/2H_2O$、$CaSO_4 \cdot 1/2\ H_2O$ 等副产物。该技术的脱硫效率一般大于 95% ，可达 98% 以上；SO_2 排放浓度一般小于 100mg/m^3，可达 50mg/m^3 以下；单位投资大致为 15 万 ~20 万元 /m^2；在不添加任何吸附剂及脱硝剂的条件下运行成本一般低于 5~9 元 /t 烧结矿	钢铁烧结烟气
25	新型催化法烟气脱硫技术	采用新型低温催化剂，在 80~200℃的烟气排放温度条件下，将烟气中的 SO_2、H_2O、O_2 选择性吸附在催化剂的微孔中，通过活性组分催化反应生成	有色、石化化工、工业锅炉 / 炉窑（含民
三、典型有毒有害工业废气净化关键技术			
41	挥发性有机气体（VOCs）循环脱 附分流回收吸附净化技术	采用活性炭作为吸附剂，采用惰性气体循环加热脱附分流冷凝回收的工艺对有机气体进行净化和回收。回收液通过后续的精制工艺可实现有机物的循环利用。该技术对有机气体成分的净化回收效率一般大于 90%，也可达 95% 以上。单位投资大致为 9 万 ~24 万元 / 千（$m^3h \cdot ^{-1}$），回收有机物的成本大致为 700~3 000 元 /t	石油化工、制药、印刷、表面涂装、涂布等

序号	技术名称	技术内容	适用范围
42	高效吸附 - 脱附 -（蓄热）催化燃烧 VOCs 治理技术	利用高吸附性能的活性碳纤维、颗粒炭、蜂窝炭和耐高温高湿整体式分子筛等固体吸附材料对工业废气中的 VOCs 进行富集，对吸附饱和的材料进行强化脱附工艺处理，脱附出的 VOCs 进入高效催化材料床层进行催化燃烧或蓄热催化燃烧工艺处理，进而降解 VOCs。该技术的 VOCs 去除效率一般大于 95%，可达 98% 以上	石油、化工、电子、机械、涂装等行业
43	活性炭吸附回收 VOCs 技术	采用吸附、解析性能优异的活性炭（颗粒炭、活性炭纤维和蜂窝状活性炭）作为吸附剂，吸附企业生产过程中产生的有机废气，并将有机溶剂回收再利用，实现了清洁生产和有机废气的资源化回收利用。废气风量：800~40 000m^3/h，废气浓度：3~150g/m^3	包装印刷、石油、化工、化学药品原药制造、涂布、纺织、集装箱喷
四、机动车尾气排放控制关键技术			
59	汽油车尾气催化净化技术	采用优化配方的全 Pd 型三效催化剂以及真空吸附蜂窝状催化剂的定位涂覆技术制备汽车尾气净化器核心组件。真空涂覆技术可以精确控制催化剂涂覆量，有效提高产品的一致性。全 Pd 催化剂配方根据发动机型号不同，其 Pd 含量在 1~3g/L 范围内变化，较同种发动机上用的普通 Pd-Pt-Rh 三效催化剂成本可降低 50% 以上。利用该催化剂及涂覆技术生产的净化器对汽车尾气中 CO、HC 和 NO_x 的同时净化效果可大于 95%，催化剂寿命超过 10 万 km，达到相当于国 VI 以上的尾气排放标准要求	汽车尾气污染物处理
五、居室及公共场所典型空气污染物净化关键技术			
64	中央空调空气净化单元及室内空气净化技术	针对不同场所，采用风盘或 / 和组空不同的中央空调系统，设置过滤器和净化组件，集成过滤、吸附、（光）催化、抗菌 / 杀菌等多种净化技术，实现室内温度和空气品质的全面调节	居室及公共场所室内空气净化
65	室内空气中有害微生物净化技术	研制层状材料为载体负载银离子的抗菌剂，在保持很好的抗菌性能的同时解决了银离子在高温使用时变色的问题。研制有机无机复合抗菌喷剂，对室内常见的有害微生物，如大肠杆菌、金黄色葡萄球菌、白色念珠菌、军团菌有很好的抗菌效果，对枯草芽孢杆菌也有很好的抑制作用	居室及公共场所室内空气净化

序号	技术名称	技术内容	适用范围
六、无组织排放源控制关键技术			
69	综合抑尘技术	主要包括生物纳膜抑尘技术、云雾抑尘技术及湿式收尘技术等关键技术。生物纳膜是层间距达到纳米级的双电离层膜，能最大限度增加水分子的延展性，并具有强电荷吸附性；将生物纳膜喷附在物料表面，能吸引和团聚小颗粒粉尘，使其聚合成大颗粒状尘粒，自重增加而沉降；该技术的除尘率最高可达 99% 以上，平均运行成本为 0.05~0.5 元 /t。云雾抑尘技术是 通过高压离 子雾 化 和 超 声 波雾 化，可 产 生 1~100 μ m 的超细干雾；超细干雾颗粒细密，充分增加与粉尘颗粒的接触面积，水雾颗粒与粉尘颗粒碰撞并凝聚，形成团聚物，团聚物不断变大变重，直至最后自然沉降，达到消除粉尘的目的；所产生的干雾颗 粒，30%~40% 粒径在 2.5 μ m 以下，对大气细微颗粒污染的防治效果明显。湿式收尘技术通过压降来吸收附着粉尘的空气，在离心力以及水与粉尘气体混合的双重作用下除尘；独特的叶轮等关键设计可提供更高的除尘效率	适用于散料生产、加工、运输、装卸等环节,如矿山、建筑、采石场、堆场、港口、火电厂、钢铁厂、垃圾回收处理等场所
七、大气复合污染监测模拟与决策支持关键技术			
71	大气挥发性有机物快速在线监测系统	环境大气通过采样系统采集后，进入浓缩系统，在低温条件下，大气中的挥发性有机化合物在空毛细管捕集柱中被冷冻捕集；然后快速加热解吸，进入分析系统，经色谱柱分离后被 FID 和 MS 检测器检测，系统还配有自动反吹和自动标定程序，整个过程全部通过软件控制自动完成。系统主要特点有：自然复叠电子超低温制冷系统、自主研发的温度测量技术、双通路惰性采样系统、去活空毛细管捕集、双色谱柱分离、FID 和 MS 双检测器检测。系统可以用于在线连续监测，也可以用于应急检测（采样罐现场采样）。该系统一次采样可以检测 99 种各类 VOCs（碳氢化合物、卤代烃、含氧挥发性有机物），在较长时间内可以满足我国环境空气中 VOCs 的监测要求	大气环境监测

序号	技术名称	技术内容	适用范围
72	大气细粒子及其气态前体物一体化在线监测技术	利用多种快速接口组合，设计开发出具有自主知识产权的“大气细粒子及其气态前体物一体化的在线监测系统”，实现细粒子水溶性化学成分及其气态前体物的同步在线监测，包括：气态 HCl、HONO、HNO_3、H_2SO_4，气溶胶中 F^-、Cl^-、NO_2^-、NO_3^-、SO_4^{2-} 以及 WSOC 的分析，实现大气细粒子中多种元素快速在线检测。设计开发出能够进行不同粒径段的细粒子样品成分分析装置，用于解析大气细粒子的来源与转化过程，为大气污染区域协同控制提供基础数据，为区域大气 细粒子污染调控措施的制定提供科学基础和监测技术	大气环境监测
73	大气中 NO_x 及其光化产物一体化在线监测仪器及标定技术	利用光解技术和表面化学方法研发准确测量 NO_2 的技术，与常规化学发光技术结合开发能够准确测定 NO、NO_2、PAN 和 PPN 的技术系统。集成所研制的动态零点化学发光法测 NO 模块、光降解 NO_2 模块和钼催化转化模块，制造一体化样机，样机可同时在线精确测量大气样品中的 NO、NO_2、NO_y。为评估含氮大气活性成分对 O_3 产生贡献的准确测算和其产物的进一步演化提供可靠的技术方法和适合国情的仪器设备产品	大气环境监测
74	大气细粒子和超细粒子的快速在线监测技术	针对区域大气颗粒物立体在线监测的技术需求，开展大气复合污染中细粒子及超细粒子物化特性的原位快速测定技术研究，基于“称重法”的振荡天平颗粒物质量浓度监测仪，完成大气 $PM_{2.5}$ 质量浓度的实时监测。适用于大气环境监测	大气环境监测
八、清洁生产关键技术			
88	水煤浆代油洁净燃烧技术	水煤浆代油洁净燃烧技术是把煤磨成细粉与水和少量添加剂混合成悬浮状高浓度浆液，像油一样采用全封闭方式输送和储存，用泵输送，并用喷嘴喷入锅炉炉膛雾化悬浮燃烧，燃烧效率高，它是一种以煤代油的新技术。在制浆过程中要对煤净化处理，处理各种电站锅炉、工业锅炉、工业窑炉	各种电站锅炉、工业锅炉、工业窑炉

三、我国大气污染防治成果

从长期变化趋势看，2000 年以来我国大气环境整体呈现前期转差、后期向好趋势，特别是 2013 年《大气污染防治行动计划》实施以来，大气环境持续改善，减排措施效果显著。根据中华人民共和国生态环境部发布的《2017 年中国生态环境公报》，2017 年，全国 338 个地级及以上城市可吸入颗粒物（PM_{10}）平均浓度比 2013 年下降 22.7%，京津冀、长三角、珠三角区域细颗粒物（$PM_{2.5}$）平均浓度比 2013 年分别下降 39.6%、34.3%、27.7%，《大气污染防治行动计划》空气质量改善目标和重点工作任务全面完成。基本完成地级及以上城市建成区燃煤小锅炉淘汰，累计淘汰城市建成区 10 蒸吨以下燃煤小锅炉 20 余万台，累计完成燃煤电厂超低排放改造 7 亿 kW。全国实施国 V 机动车排放标准和油品标准；黄标车淘汰基本完成，新能源汽车累计推广超过 180 万辆；推进船舶排放控制区方案实施；启动大气重污染成因与治理攻关项目；开展京津冀及周边地区秋冬季大气污染综合治理攻坚行动；清理整治涉气“散乱污”企业 6.2 万家，完成以气代煤、以电代煤年度工作任务，削减散煤消耗约 1 000 万 t；落实清洁供暖价格政策，在 12 个城市开展首批北方地区冬季清洁取暖试点；实施工业企业采暖季错峰生产；天津、河北、山东环渤海港口煤炭集疏港全部改为铁路运输。

蓝天保卫战 天津在行动

天津市深入贯彻国务院《大气污染防治行动计划》和《京津冀及周边地区2017—2018年秋冬季大气污染综合治理攻坚行动方案》的要求，按照市委、市政府《关于"四清一绿"行动2017年重点工作的实施意见》《天津市2017年大气污染防治工作方案》《天津市2017—2018年秋冬季大气污染综合治理攻坚行动方案》安排部署，扎实推进大气污染防治工作，空气质量持续改善。

一. 天津环境空气质量概况

根据《2017年天津市环境状况公报》，天津2017年二氧化硫（SO_2）年均浓度为16 $\mu g/m^3$，低于国家年均浓度标准（60 $\mu g/m^3$）；二氧化氮（NO_2）年均浓度为50 $\mu g/m^3$，超过国家年均浓度标准（40 $\mu g/m^3$）0.25倍；可吸入颗粒物（PM_{10}）年均浓度为94 $\mu g/m^3$，超过国家年平均浓度标准（70 $\mu g/m^3$）0.34倍；细颗粒物（$PM_{2.5}$）年均浓度为62 $\mu g/m^3$，超过国家年均浓度标准（35 $\mu g/m^3$）0.77倍；一氧化碳（CO）24小时平均浓度第 95 百分位数为 2.8 mg/m³，低于 24 小时平均浓度标准（4 mg/m³）；臭氧（O_3）日最大 8 小时平均浓度第 90 百分位数为 192 μg/m³，超过日最大 8 小时平均浓度标准（160 μg/m³）0.20 倍。自实施《环境空气质量标准》（GB 3095—2012）以来，与 2013 年相比，2017 年 SO_2、NO_2、PM_{10}、$PM_{2.5}$、CO 分别下降 72.9%、7.4%、37.3%、35.4%、24.3%，O_3 上升 27.2%。

2017 年空气质量达标天数 209 天，较 2016 年减少 17 天；2017 年重度及以上污染共 23 天，较 2016 年减少 6 天。

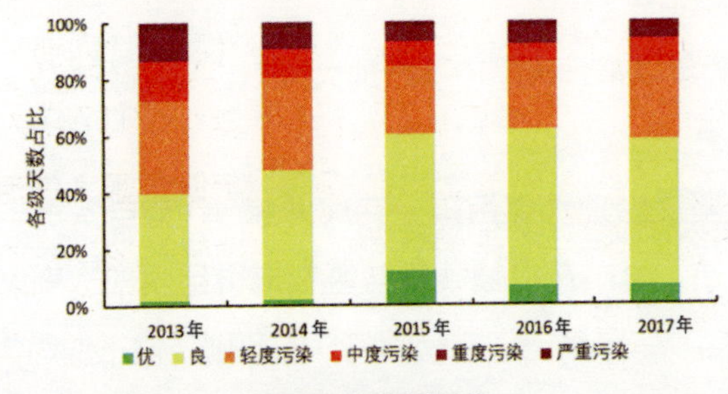

环境空气质量级别天数比例

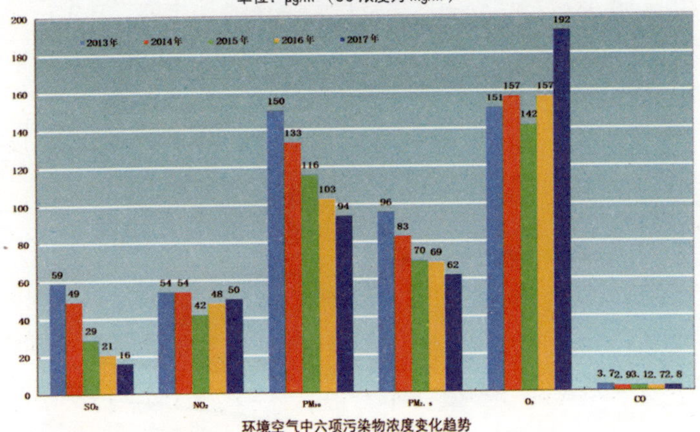

环境空气中六项污染物浓度变化趋势

2018 年上半年，天津市环境空气质量综合指数 6.04，同比下降 17.1%；达标天数 95 天，同比增加 1 天；达标比例为 54.6%，同比上升 1.5 个百分点；重污染天数 5 天，同比减少 11 天。O_3 浓度同比上升，升幅为 2.5%；$PM_{2.5}$、PM_{10}、SO_2、NO_2 和 CO 均同比下降，降幅分别为 21.1%、15.6%、38.1%、16.4% 和 34.5%。

二. 政府行动

2017 年以来，天津市不断加大大气污染防治力度，取得了阶段性成果。

一是坚决治理燃煤污染。完成 4 家 19 套自备煤电机组超低排放改造，全市在役公共及自备煤电机组全部达到燃气排放水平；按照“宜电则电、宜气则气”的原则，城市散煤实现“清零”，武清区全面建成“无煤区”。

二是坚决治理扬尘污染。严格落实施工工地“六个百分之

百”控尘标准；全市 1 780 个建筑工地、132 个房屋拆迁工地实现扬尘在线监测和视频监控全覆盖；实施道路扫保“以克论净”和降尘量考核；天津市人大审议通过《关于农作物秸秆综合利用和露天禁烧的决定》和《关于禁止燃放烟花爆竹的决定》；利用卫星遥感和无人机等手段强化秸秆禁烧，在全市 10 个涉农区安装高架视频监控系统 585 套，智能识别、自动报警。

三是坚决治理车船污染。天津港全面禁止重型柴油货车散运煤炭，提前 3 个月完成国家任务，每年减少汽运煤炭 6 000 万 t。严格落实中、重型柴油货车外环线及以内区域限行。新增淘汰老旧车 5.1 万辆。全面供应国 VI 标准车用汽柴油。

四是坚决治理工业污染。火电、钢铁、水泥、有色等重点行业全部达到特别排放限值。452 家挥发性有机物重点企业逐一完成治理改造。181 家钢铁、铸造、建材等企业全部实施无组织排放治理。全面排查“散乱污”企业 18 954 家，分类施策，逐一治理。实施秋冬季重点行业错峰生产和运输。

五是坚决应对重污染天气。坚持京津冀协同联防联控联治，统一应急标准、应急措施、应急响应，对 128 家重点企业、2 299 家一般企业、3 543 个各类工地逐一落实停限产要求，

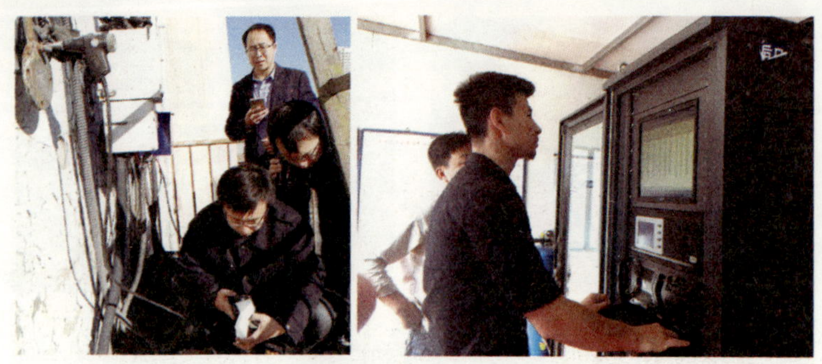

实施清单化管理，全力削减污染峰值。

六是坚决实行铁腕治污。成立 20 个分区工作组，采取驻点的方式，对各区大气污染防治工作持续监督巡查；实施街镇量化问责，解决压力传导“水流不到头”问题；公安部门派驻工作组与环保部门联合办公，保持严厉打击环境违法行为的高压态势。

三. 公众参与

天津市结合大气污染防治工作的部署，围绕环保工作重点，扎实有效地开展了一系列内容丰富、紧贴地气的大气污染防治宣传活动。

1. 以“六·五”世界环境日为契机，开展环保主题宣传活动

在“六·五”环境日及环境教育宣传周期间，以“美丽中国 我是行动者”为主题，结合大气污染防治重点工作，采用群

众喜闻乐见的宣传形式，开展了环保嘉年华、“童心童声·声声环保”视频征集大赛、“天津环保”卡通形象征集揭晓、环保设施公众开放等系列环保活动，大力宣传天津在大气环境保护等方面取得的成效，号召广大市民行动起来，以实际行动参与到改善环境质量、推动绿色发展中来，助力打好大气污染防治攻坚战，营造了人人、事事、时时、处处崇尚生态文明的社会氛围，让美丽中国建设更加深入人心，让绿水青山就是金山银山的理念得到深入实践、结出丰硕成果。

2. 以校园、社区、基地为阵地，开展大气环境知识科普宣传

在全市绿色小学开展“我是小小环保局长”公益活动。组织环保志愿者深入绿色学校开展以大气污染防治为主题的环保主题讲座，借助鲜活真实的图片和生动有趣的视频由浅入深地向小学生普及环保知识。同时以“大气污染防治”为主题，在

全市万余名绿色学校的小学生们中组织开展演讲活动，小选手们围绕“假如我是环保小局长，如何为美丽天津建设尽责履职”进行就职演说，从多方面开动脑筋，大胆想象，紧贴环境热点问题提出创新性建议。经过初赛、复赛、决赛的层层选拔和激烈角逐，表现优秀的小选手荣膺“小小环保局长”称号。活动让孩子们在潜移默化中接受环境熏陶，同时激发他们作为未来地球小主人关心环境、保护环境的责任感和使命感，通过“小手拉大手”活动，让环保走进家庭，影响社会。

深入绿色社区开展“弘扬绿色理念 践行低碳生活”宣传活动。以全民实践、全民行动为主线，深入全市 16 个建成区的广场、街道、社区等公众场所，组织开展了 21 场大气污染防治环保宣传活动，发放相关宣传折页两万多张，环保图书 1 000 余册。通过专家现场开展环保咨询，为市民解疑答惑，普及大气污染防治相关知识，加强相关法律法规政策宣传解读，进一步提升了社会公众参与大气保护的自觉性、主动性和能力水平。

以高校为主体，开展“天津环境文化节”活动。充分发挥高校大学生在倡导环保、引领绿色中的生力军作用，组织大学生根据实际情况，发扬创新精神，展开头脑风暴，策划并开展形式新颖、寓意深刻、具有一定影响力的大气污染防治的环保公益文化活动，培养青年学子的环境保护意识，号召社会公众自觉践行绿色发展的生产方式和生活方式，为大气污染防治工作的顺利开展营造良好的社会氛围和舆论环境。

在全市开展了青少年生态文明主题绘画征集评选活动，以“生态文明 你我同行”为主题，面向全市中小学、幼儿园，征集环保主题绘画，共收集绘画作品 500 余幅，广大青少年用手中的画笔，描绘出了心中蓝天水清地绿的美好家园，表达了自己要选择绿色生活和出行方式，为建设美丽天津做贡献的小小决心，活动在学校师生和家长中产生了积极影响，营造了人人关注环保、参与环保的良好氛围。

作为天津市环境教育示范基地和天津市首批向公众开放的环保设施，天津市生态环境监测中心常年组织学生、市民参观中心大气环境质量监测超级站和分析测试实验室，向公众介绍目前环境监测领域常用和一些高端监测仪器设备的用途原理等，同时讲解 $PM_{2.5}$、挥发性有机物（VOC_s）、室内装修污染物甲醛、苯、甲苯等常见污染物的来源、对人体健康的危害以及生活中的安全防护措施等科普知识。在分析测试实验室，工作人员选取有代表性的重金属和有机污染物检测分析仪器，通过讲解其工作原理和现场演示分析测试流程，使大家亲身体验到与我们

日常生活息息相关的大气环境污染物的检测过程，拉近了公众与环境保护的距离。

此外，面向学校、社区，天津市每年举办市级绿色学校、绿色社区培训班，多次邀请环境保护有关专家授课，先后做过题为《同在一片蓝天下同呼吸 共命运》《浅谈灰霾的成因、来源及危害》《环境保护公众参与》《绿色生活，绿色消费》等有关大气内容的专题辅导讲座，向参加培训的学校、社区代表讲解有关大气科普知识，解读大气污染防治相关法规，传播绿色生活理念，充分发挥学校、社区的辐射作用，带动全社会践行绿色低碳的生活方式，为全市打赢蓝天保卫战，共筑生态城市、建设美丽天津营造了良好氛围。

3. 利用新媒体平台开展公众宣传

天津以“天津环保发布”政务微博、“天津环保”政务微信（以下简称“两微”）等新媒体平台为主阵地，围绕大气污染防治重点工作、重大活动、重要进展，大力开展宣传、解读，定期发布环境空气质量状况，持续曝光环境违法行为，全面普及大气污染防治科普知识，积极做好热点问题舆论引导。2017 年以来，政务微博发布动态 10 000 余条、政务微信推送 600 余期、发布信息 1 700 余篇，为全面打好“蓝天保卫战”营造良好社会氛围。

一是围绕重点工作开展宣传、解读。建立起以天津环保政务“两微”为主导，16 个区及海河教育园区环保政务“两微”为延伸的天津环保系统微矩阵，围绕《天津市 2017 年大气污染防治工作方案》《天津市 2017—2018 年秋冬季大气污染综合治理攻坚行动方案》《天津市 2018 年大气污染防治工作方案》等开展系列宣传，刊发了《天津完成“大气十条”任务目标，2017 年 $PM_{2.5}$ 年均浓度 62 μg/m^3》等文章，并围绕多项政策文件和环保热点问题进行解读回应，凝聚环保全民参与力，推动大气污染防治工作深入开展。

二是定期发布环境空气质量状况。结合天津市环保局例行新闻发布会制度，每月例行发布全市环境空气质量总体状况、各区环境空气质量综合排名及主要污染物浓度及经济奖惩情况，并通过天津环保政务“两微”及天津日报、今晚报、“津云”等新闻单位新媒体客户端及时跟进报道，为公众了解环境空气质量动态提供便利渠道，进一步扩大大气污染防治工作的影响力和群众基础。

三是持续曝光环境违法行为。通过天津环保政务“两微”

新媒体平台，持续加大对大气污染物超标排放、擅自停用大气污染防治设施、排放恶臭超标等典型环境违法行为的曝光力度，发布了《严打环境违法行为，天津 1 月立案 115 起（内附典型案例）》《天津曝光 10 起环境违法典型案例：类型多，性质重，处罚严》《汽修行喷漆异味污染严重，关停取缔没商量》等通报文章。2017 年以来，先后曝光环境违法犯罪典型案例 184 起，有效震慑了各类环境违法犯罪行为。

四是策划系列互动宣传活动。配合大气污染防治等环保中心工作，在“天津环保”政务微信平台先后开展了“臭氧层科普知识”主题宣传及有奖知识竞答、“你来绿色拜年，我送环保红包”有奖传播、“绿色生活·金点子”有奖征集、“美丽天津·我的梦”摄影大赛、“童心童声·声声环保”视频征集大赛等系列互动宣传活动，传播简约适度、环保低碳的生活方式，号召社会各界转变理念、共同行动，参与到“蓝天保卫战”中来，共建共享美丽天津。

五是开展大气污染防治科普宣传。设计、制作科普宣传手册、宣传折页以及图解、微视频等新媒体宣传产品，通过天津环保政务“两微”平台刊发了《一图读懂：餐饮油烟污染防治》《零距离探秘大气监测中的“特种武器”》《臭氧分好坏，这些需要特别注意：近地面臭氧的危害》等科普文章；刊播了《共建共享，美丽天津》《美丽中国，我是行动者》《绿色的种子》等环保公益微视频，普及大气污染防治政策法规及科普知识，提升公众参与污染防治攻坚战的能力和水平。

4. 保卫蓝天，我们应该怎么做

保护大气环境，你我他都不能置身事外当看客，让蓝天永驻，需要每一位市民参与其中。大家可以通过以下的方式参与环保：

（1）冬季取暖尽量采用热力集中供暖，不使用燃煤、生物质燃料，改用电、气等清洁能源采暖。

（2）自觉杜绝露天焚烧秸秆、树叶等易燃物，不燃放烟花爆竹，并自觉抵制、积极举报露天焚烧行为。

（3）绿色出行，尽量少开汽车；多选择地铁、公交车、共享单车、电动车等绿色出行方式，为减少废气排放奉献一份力量。

（4）日常生活中尽量节约能源，也能在一定程度上降低对空气的污染。比如空调冬季设 15 ~ 20℃、夏季 26℃；购买节能冰箱等高效低能耗电器；使用节能灯，做到人走灯灭；电器不要待机，随时关紧电冰箱的门等。

（5）理性消费，节能减排。每个人都应当从日常生活的衣、食、住、行做起，倡导节能环保的生活和消费模式，自觉抵制过度消费，为减轻空气污染尽一份力。

（6）让我们都加入绿化城市、绿化家园的队伍，从植树种草做起，让“城中的森林”越来越大，让“森林中的城市”的市民越来越健康，把我们的家园建设得更美好，让我们城市的空气更清新。

（7）少使用一次性用品，对物品进行多次利用，用手绢代替纸巾，用瓷杯、玻璃杯代替纸杯，用布袋代替塑料袋，减少资源和能源的浪费。

（8）摒弃传统陋习，做环保达人：选择低碳环保的节日庆贺方式，不燃放或减少燃放烟花爆竹；在中元节、寒衣节期间，革除焚香烧纸陋习，通过集体共祭、鲜花祭奠、网上祭奠、家庭追思会等方式文明祭奠先人，共同维护环境清洁。

让我们同呼吸、共行动，从我做起，从身边小事做起，为打赢蓝天保卫战贡献出自己的一份力量！

附录

天津市 2018 年大气污染防治工作方案

为深入贯彻习近平新时代中国特色社会主义思想和党的十九大精神，认真落实全国生态环境保护大会精神，加快我市环境空气质量改善进度，打赢蓝天保卫战，增强人民群众的蓝天幸福感，制定天津市 2018 年大气污染防治工作方案。

一、工作目标

在全面完成国家下达的 2017—2018 年秋冬季大气污染综合治理攻坚行动目标和任务的基础上，实现全市细颗粒物（$PM_{2.5}$）等主要污染物浓度持续下降、环境空气质量持续改善。2018 年，全市 $PM_{2.5}$ 年均浓度下降至 59 μg/m^3 左右，全市及各区优良天数比例达到 61%，重污染天数持续减少；滨海新区及各功能区、和平区、河北区、南开区、宁河区、蓟州区 $PM_{2.5}$ 年均浓度下降至 56 μg/m^3；河东区、河西区、红桥区、西青区、武清区、宝坻区 $PM_{2.5}$ 年均浓度下降至 58 μg/m^3；东丽区、津南区、北辰区、静海区 $PM_{2.5}$ 年均浓度下降至 60 μg/m^3。

二、主要任务

（一）大力调整产业结构

1. 全面完成“散乱污”企业集中整治。2018 年 6 月底前，完成新一轮排查登记。对“散乱污”企业实施关停取缔、搬迁和原地提升改造。建立市、区、乡镇（街道）、村（社区）四级联动监管机制，紧盯重点区域、重点行业、重点设备，充分发挥各级网格员作用，加强企业环境监管和巡查检查，严防“散乱污”企业“死灰复燃”。凡被各级督导检查核查发现“散乱污”企业“死灰复燃”的，严肃实施“一案双查”。

2. 实施“散乱污”企业拆除腾退后土地再利用。各区通过建立激励机制、加大资金投入、给予政策倾斜，加快“散乱污”企业拆除腾退后土地的开发利用，培育工业发展新动力，加快产业结构和规划布局优化升级。环保、规划、中小企业、工业和信息化、国土房管、农业、水务等市有关部门按照职责分工，指导各区统筹腾退后土地实施再利用，助推“腾笼换鸟”。

（二）持续改善能源结构

1. 稳妥有序推进居民冬季清洁取暖。贯彻落实国家和本市关于加快推进冬季清洁取暖、绿色取暖的部署要求，按照“宜电则电、宜气则气”的原则，利用热电联产、电力、燃气等多种方式，稳妥有序推进全市剩余的 75.6 万户农村居民散煤清洁能源替代，力争 2018 年 9 月底前完成 40 万户。同时，对未实施清洁取暖的，提前组织做好无烟型煤生产、供应工作。

2. 削减煤炭消费总量。严格落实《"十三五"生态环境保护规划》（国发〔2016〕65号）关于"十三五"期间天津煤炭消费总量下降10%左右的要求，确保2020年煤炭消费总量控制在4 000万t以内。2018年9月底前，制定天津市煤炭消费总量控制实施方案，明确2018—2020年分年度目标，制定减煤控煤措施，加强存量耗煤项目治理，大力化解煤耗增量，其中2018年煤炭消费总量控制在4 200万t以下，发电及供热用煤占比达到70%以上，煤炭占一次能源比重较2016年进一步降低，明显优于国家平均水平。严格控制新建燃煤项目，实行耗煤项目减量替代，禁止配套建设自备燃煤电站。

3. 深化燃煤设施治理。持续开展供热、工业和商业燃煤锅炉治理，巩固2017年燃煤锅炉改燃关停整治成果，确保不反弹。按照"主体移位、切断连接、清除燃料、永不复用"的标准，实施全市工业煤气发生炉（除制备原料的煤气发生炉外）专项整治，2018年8月底前全部完成拆改。逾期未完成的，依法实施停产整治。

4. 加快清洁能源替代利用。坚持因地制宜、绿色发展的总体思路，大力发展非化石能源。加快开发风能、太阳能，2018年全市可再生能源电力装机规模力争达到125万kw；持续推进全市地热资源开发利用和保护，2018年全市地热供暖面积力争达到2 700万m^2。

5. 加强天然气供应保障能力。全面加快天然气输送管道和储气调峰项目建设，合理引进天然气资源，加快建设大港液化天然气（LNG）应急调峰储备站，2018 年我市天然气供应保障能力力争达到 90 亿 m^3 以上。

（三）推进转变交通运输结构

1. 优化运输方式。提高铁路资源利用效率，大幅提高铁路运输量，鼓励海铁联运、空铁联运等运输组织；加快南港铁路建设，研究推进港内铁路专用线建设；2018 年港口货运铁路集疏运运量力争达到 9 000 万 t。持续推进道路运输工具更新淘汰和运输组织方式转变，研究推动甩挂运输、无车承运、城市物流绿色配送等领域示范创建，有效促进道路货物运输行业节能减排，提高运输效率。

2. 优化城市交通出行结构。建成以轨道交通为骨干、以城市公交为主体的公共交通系统，2018 年全市新开、延长、调整公交线路 40 条，轨道交通运营里程达到 217km。推进绿色交通出行体系建设，2018 年全市轨道交通、城市公交和共享单车出行力争达到 18.7 亿人次，新投入运营新能源公交车 500 辆，新能源公交车占比提升 4 个百分点左右。

3. 加快推广应用新能源汽车。以公交车、物流车、出租车（网约车）、公务用车和租赁用车为重点领域，持续加大新能源汽车推广力度，2018 年全市新增新能源汽车 2 万辆，占全市汽车保有量达到 3%。大力推进充电基础设施建设，全年新增公共充电桩 3 000 台。

（四）着力优化空间布局

1. 着力破解“钢铁围城”问题。2018 年 8 月底前，制定实施钢铁行业结构调整和布局优化规划方案，明确全市钢铁行业调整思路和方向，确定重点区域调整任务和目标，推进钢铁产业布局集中、产能减量、产品高端、体制优化，全面提升钢铁产业的可持续发展水平，逐步破解“钢铁围城”问题。2018年全市行政区域内钢铁产能严格控制在2 000万t。

2. 加快解决“园区围城”问题。2018年6月底前，制定天津市工业园区（集聚区）围城问题治理工作实施方案，对全市314个工业园区（集聚区）依法开展保留、整合、撤销取缔工作。2018年，依法对49个国家级和市级工业园区予以保留，对35个工业园区（集聚区）予以整合，对10个工业园区（集聚区）予以撤销取缔。

（五）严格管控燃煤污染

1. 严格落实超低排放监管。充分发挥全市煤电机组和燃煤锅炉全部达到超低排放标准或特别排放限值的环境效益，依托燃煤设施在线监测全覆盖，强化动态监管。

2. 深入实施煤质专项整治。突出抓好煤质监管，落实优质煤供应和保障，监督煤炭经营企业建立购销台账，禁止销售不符合本市煤炭经营使用地方质量标准的劣质煤，通过加大抽检频次、强化信息公开、严格资质管理、坚决依法查没等手段，保持严厉打击劣质煤流通、销售和使用的高压态势。持续开展采暖季供热企业燃用煤炭煤质检查。全面排查治理全市经营性储煤场地，实行建档立卡、动态监管。

3. 扩大高污染燃料禁燃区划定范围。2018年9月底前，制定高污染燃料禁燃区区划调整方案。落实国家要求，将全面完成以电代煤、以气代煤的地区划入高污染燃料禁燃区，禁燃

区内禁止新、改、扩建使用高污染燃料的项目

（六）严格管控工业污染

1. 实施重点行业深度治理全覆盖。对重点企业严格排污许可证管理。按照国家要求，对 25 个重点行业全面执行大气污染物特别排放限值，强化治污减排；其中火电、钢铁、石化、化工、有色（不含氧化铝）、水泥行业现有企业以及在用锅炉，自 2018 年 10 月 1 日起，执行二氧化硫、氮氧化物、颗粒物和挥发性有机物特别排放限值。2018 年 7 月底前，制定实施天津市火电厂大气污染物排放标准，对全市 22 套公共煤电机组启动冷凝脱水深度治理，其中天津华能杨柳青热电有限责任公司等 2 套煤电机组力争年底前完成治理。以中心城区、滨海新区核心区为重点，加快实施全市 222 台燃气锅炉低氮改造，2018 年 9 月底前全部完成。按照国家要求，全面启动钢铁行业烧结工序超低排放改造等综合整治工作；对 2018 年 10 月底前完成改造的钢铁企业，根据污染绩效排放水平，合理降低秋冬季错峰生产时间和限产比例。

2. 全面防控挥发性有机物污染。依法完成剩余 293 家挥发性有机物一般排放企业治理或关停，2018 年底前实现全市涉挥发性有机物排放工业企业配套环保设施全覆盖，稳定达到挥发性有机物等相关排放标准。持续推进餐饮油烟深度治理，再完成 700 家餐饮企业油烟治理，确保油烟净化设施与排风机同步运行、定期清洗。科学安排建成区建筑墙体涂刷装饰、道路设施喷涂、市政道路划线、交通标线施划等使用有机溶剂的作业时间， 2018 年 10 月 15 日前，每日 10 时至 17 时，

原则上禁止开展使用有机溶剂的作业；对涉及民生工程等重大项目，确需在此期间作业的，经所在区人民政府同意后方可施工，确保使用低挥发性有机物涂料，同时配套使用污染防控设施。严格按照《建筑类涂料与胶粘剂挥发性有机物含量限值标准》（DB 12/3005—2017）要求，组织对本市生产和销售的建筑类涂料和胶粘剂产品进行质量监督性抽查，公开通报抽查结果，对不合格产品依法处理。制定实施天津市机动车维修行业涂漆作业综合治理实施方案，2018 年 7 月 31 日前完成全市机动车维修企业涂漆作业提升改造和综合治理；大力推广环保涂料，自 2018 年 6 月 1 日起，全市一类机动车维修企业改用水性环保型涂料，年底前全市涉及涂漆作业的机动车维修企业全部改用水性环保型涂料。服装干洗经营单位全面推广使用配备溶剂回收制冷系统、不直接外排废气的全封闭式干洗机，定期进行干洗机及干洗机输送管道、阀门的检查，防止干洗剂泄漏。

3. 深化工业企业无组织排放管理。全面加快火电、钢铁、焦化、铸造、玻璃、供热等重点行业共 25 家企业无组织排放治理改造进度，确保 5 家供热企业 2018 年采暖季前完成改造，20 家工业企业中 7 家 2018 年 6 月底前完成、13 家年底前完成。对 15 家水泥粉磨站和 211 家混凝土搅拌站进行全面排查，加强监管，建立一户一档，确保物料处理、输送、装卸、储存过程封闭作业全覆盖，运输环节及厂区无组织排放严格管控。

4. 坚持工业企业错峰生产和运输。采暖季对重点行业实行差异化错峰生产，对钢铁、水泥、焦化、火电等涉及大宗原材料及产品运输的重点用车企业实施秋冬季错峰运输，大幅减少污染物排放。

5. 加大重点污染源在线监测监控力度。充分发挥在线监测系统作用，对全市已联网的 99 家重点排放企业严格实施 24 小时动态监控。持续扩大在线监测覆盖范围，全面实施全市 20 蒸吨及以上燃气锅炉和 10 蒸吨及以上生物质燃料锅炉在线监测系统安装工作；全市 7 家钢铁联合企业符合自动监测设施安装技术条件的烟气排放口，实现主要大气污染物在线监测。

（七）严格管控扬尘等面源污染

1. 强化施工扬尘管控。各类施工工地严格落实工地周边围挡、物料（渣土）堆放覆盖、土方开挖湿法作业、路面硬化、出入车辆清洗、渣土车辆密闭运输“六个百分之百”污染防控措施，中心城区和滨海新区核心区施工工地实现智能渣土车辆运输全覆盖。对各类长距离施工的市政、公路、水利等线性工程，全面实行分段施工，并同步落实好扬尘防控措施。各行业主管部门按照职责分工对各类施工项目持续加大监管力度，对出现违规排污的企业，依法暂停投标资格、从重处罚，并按规定向社会公开。

2. 统筹开展全市渣土运输专项整治行动。2018年5月底前，制定实施渣土综合整治专项工作方案。全面落实渣土源头监管全覆盖、运输车辆全密闭，环城四区处置场建成达标后投入运行，实现渣土运输企业和车辆的规范化管理。

3. 强化裸地治理。对全市新排查发现的 3 451 块共计 42 平方公里裸地因地制宜全面治理，严格落实硬化、绿化、蓄水、苫盖等治理措施，及时排查扬尘隐患并对治理措施进行增补，防止污染反弹。

4. 加大城市清扫保洁力度。持续实施道路扫保“以克论净”和区域降尘量考核；全面清洗公共设施、交通护栏、绿化隔离带等部位积尘浮尘，定期对城乡结合部、背街小巷等区域进行重点清扫。加强国省公路和高速公路机扫保洁。对外环线以及与外环线相连的环城四区放射线，重点区域周边主要国省公路，滨海新区与中心城区之间的连接线，各区的穿城镇公路及建城区的环线公路，通往旅游景区公路，做到机械清扫每天 2 次、水洗路面隔天 1 次、洒水降尘作业隔天 1 次；其他普通国省公路水洗路面隔两天 1 次，洒水降尘作业隔两天 1 次；如遇重污染天气二级及以上应急响应，每天湿扫路面 1 次以上。高速公路严格按照作业标准采取机械清扫、路面洒水降尘和人工保洁措施。

5. 持续做好秸秆综合利用和禁烧工作。不断完善秸秆收储体系，进一步推进秸秆肥料化、饲料化、燃料化、基料化和原料化利用，加快推进秸秆综合利用产业化，到 2018 年底，全市秸秆综合利用率达到 97% 以上。持续加大禁止露天焚烧秸秆力度；全面落实禁止焚烧垃圾、落叶、枯草要求；引导群众不在道路及社区非指定区域内焚烧花圈、纸钱等；中心城区及其他重点地区坚决禁止露天烧烤。用好用足高架视频、无人机和卫星遥感技术，实现科技化监管全覆盖。

6. 强化烟花爆竹禁放。严格执行《天津市人民代表大会常务委员会关于禁止燃放烟花爆竹的决定》，落实禁止销售、燃放烟花爆竹要求。修订《天津市烟花爆竹安全管理办法》，为进一步加强烟花爆竹禁放禁售工作提供有力法治保障。滨海新区和环城四区按照全市统一部署，研究提出本区全域禁止燃放烟花爆竹要求。

（八）严格管控机动车污染

1. 严格管控、严厉查处超标排放行为。持续推进老旧车淘汰，全年淘汰老旧车 3 万辆。组织实施机动车大户制管理，制定工作方案，强化日常监管。严格控制机动车尾气排放，开展新车注册登记环保一致性核查 10 万辆，持续开展机动车超标排放执法监管。利用遥感检测等技术筛查机动车 100 万辆。加强机动车排放检验机构监管，完善监管平台，创新监管方法，严厉打击未按规范进行排放检测和弄虚作假等违法行为。以国省公路跨省交界处为重点区域，强化环保、公安、交通运输等部门联合执法。实行“环保取证、公安处罚”机制，严查机动车环境违法行为。

2. 优化中重型车辆绕城行驶措施。继续实施中心城区中重型货车限行措施，通过既有道路设施优化行驶道路、分时规划路线等方式，完善中心城区环路通行条件。研究制定高速公路差异化收费优惠政策，通过经济手段引导中重型货车优先使用高速公路行驶。严格落实高污染排放车辆限行要求。

3. 减少机动车怠速尾气排放。2018 年 5 月底前制定 2018 年优化交通疏导方案。各区按照优化交通疏导要求，加强现场疏导，优化交通组织，完善交通安全设施和交通管理科技设施，提高道路通行效率，减少机动车尾气排放污染。

4. 强化新车源头管控。全市禁止制造、进口、销售和注册登记国家第五阶段标准（不含）以下的轻型柴油车；在进口环节，加强海关检验检疫管控，对国家第五阶段标准（不含）以下的轻型柴油车不允许入境。研究制定本市第六阶段国家机动车大气污染物排放标准实施方案。

5. 深化港口船舶大气污染防治。严格落实港口靠港船舶使用硫含量不高于0.5%燃油的管控要求，持续加大执法检查力度，严厉打击使用不达标燃油行为。严格落实交通运输部关于港口岸电布局的工作要求，2018 年，天津港口新增 4 个集装箱泊位具备提供岸电能力，新增 2 个 5 万 t 级以上干散货泊位具备提供岸电能力。

6. 强化工程机械污染防治。环保部门牵头，建设、交通运输、国土房管、市容园林、水务、农业等部门建立分行业非道路移动机械使用监管机制，实施长效监管。坚决禁止不达标工程机械入场作业。以施工工地和港口码头、机场等为重点，推进柴油施工机械和作业机械清洁化。2018 年 8 月底前，划定并公布禁止使用高排放非道路移动机械的区域，严格组织落实，对违法行为依法严处。重污染天气预警期间，除涉及安全生产及应急抢险任务外，停止使用非道路移动机械。

7. 加强车用油品供应管理。对本市销售的车用汽柴油进行质量监督性抽查，对不合格产品依法进行后处理，对抽查结果进行通报。严厉打击黑加油站点，重点依法查处流动加油车售油违法违规行为。

8. 全面推广车用尿素。市内高速公路、国省公路沿线加油站点持续全面销售符合产品质量要求的车用尿素，保证柴油车辆尾气处理系统的尿素需求。对本市销售的车用尿素产品进行质量监督性抽查，对不合格产品依法进行后处理，对抽查结果进行通报。对柴油货车尿素使用情况进行例行抽检，对未添加尿素的货运车辆，依法处罚并全部劝返。

（九）严格新建项目环保准入

坚持对新建项目严格落实国家大气污染物特别排放限值要求，对新、改、扩建项目所需的二氧化硫、氮氧化物和挥发性有机物等污染物排放总量实行倍量替代。

（十）妥善应对重污染天气

1. 完善应急响应机制。落实国家要求，完成 2018 年重污染天气应急预案修订工作，建立重污染应急管控清单动态更新机制，持续细化“一厂一策”，保障应急减排措施可操作、可核查。加强重污染天气预警会商和区域联动，遇不利天气及时启动应急机制，确保响应迅速，将不利气象条件影响降至最低。

2. 强化预警应对能力。推进空气质量预测预报能力建设，确保市级预测预报部门具备 3 天精细化预报和 7 天趋势分析预测能力。依托大气重污染成因与治理攻关研究，提升重污染天气应对技术支撑能力，充分利用大数据分析等信息化手段提高管理效率和工作成效。

3. 健全跨区域集疏港联动机制。协调建立京津冀及周边地区跨区域集疏港联动机制，如遇重污染天气二级及以上应急响应，提前告知周边省市同步实施天津港集疏运车辆管控措施；严格落实集疏运车辆（民生保障物资或特殊需求产品除外）禁止进出港区要求。

4. 开展应急成效后评估工作。在典型污染过程结束后，对预警发布情况、预案措施落实情况以及响应措施的针对性和可操作性、环境效益等进行总结评估，总结经验、分析问题、查找不足，形成典型案例，制定改进措施。

三、组织实施

（一）狠抓责任落实。坚持问题导向和目标导向，全面落实党政领导责任、部门监管责任、各区属地责任、企业主体责任。各市级相关部门要按照年度重点任务安排和全面实施专项整治的要求，分别牵头制定实施专项工作方案。对纳入本方案各项任务，逐一细化分解，全力组织实施，严格进度管理，严肃督查考核。各市级相关部门要严格落实监管职责，全面加大日常督查检查、执法监管工作力度，特别是对于涉及特许施工等特批事项，要制定细化监管方案，谁特许、谁监管，谁污染、问责谁。各区要严格落实“党政同责、一岗双责”，充分用好法律、科技、经济、行政“四种手段”，将大气污染防治各项任务分解压实到乡镇（街道）、村（社区），狠抓落地见效，全力实现空气质量改善年度目标。

（二）狠抓组织推动。各区、各部门要严格对照年度任务要求和责任分工，抓早、抓细、抓落实。市环保局继续对各区空气质量按日排名，每周分析发布各区污染特点和成因，及时指导各区采取针对性措施。各市级相关部门要全面强化大气污染防治任务协调调度机制，对照任务分工，逐项落实时间表、路线图、优先序，关死后门、倒排工期，不打折扣、按时保质完成各项任务要求，做到可检查、可考核、能追责。各区要结合国家及本市任务目标，严格落实“天天应对、天天调度”的部署要求，全面加大污染治理和空气质量保障工作力度。各区、各市级相关部门每半月向市环保局报送各项任务进展情况，对已完成的项目同时提交项目验收报告；市环保局每月对各区、各市级相关部门任务完成情况进行全市通报。

（三）狠抓执法监管。依托国家 $PM_{2.5}$ 热点网格监管体系，全面实施大气污染热点网格监管工作，推动环境监管关口前移，落实各区人民政府和市级相关部门的环境监管职责，切实提升大气污染监管工作水平。持续加强市级部门环境执法能力建设。环保、建设、综合执法、交通运输、市场监管、公安交管等执法部门依据职责分工，制定贯穿全年的监管执法方案，运用查封扣押、按日计罚、限产停产、移送司法等强制执法手段，加大案件查办力度。要加强环保部门、公安机关和人民检察院的协作，持续保持严厉打击环境违法行为的高压态势。各级执法部门要真正建立“执法检查 + 行政处罚”的监管执法模式，保证执法记录和行政处罚流程的完整性。对各市级相关部门大气污染防治执法履职尽责情况实施专项督查，严格行政执法责任追究，特别是针对久查不罚、久立不结的违法行为和案件，坚决落实《天津市行政执法违法责任追究办法》等规定，严肃追究相关部门和人员责任。市环保局每月对大气污染突出违法问题进行曝光。

（四）狠抓督察检查。持续做好中央环保督察整改落实工作。积极做好大气污染防治强化督查和专项巡查的配合工作。切实发挥环保制度改革的优势。对照国家要求，制定实施天津市环保督察方案，建立环保督察制度，以各区为督察对象，并下沉至部分重点街镇、工业园区，严格落实环境保护属地责任。

（五）狠抓考核问责。落实国家要求，依据《天津市清新空气行动考核和责任追究办法（试行）》及其补充办法，运用经济奖惩、区域限批、公开约谈、组织追责等措施，严肃查处各区、各部门在大气污染防治工作中的不作为、慢作为、乱作为问题。在现有考核问责工作的基础上，定期对空气质量排名靠后和综合指数、$PM_{2.5}$浓度不降反升的区、乡镇（街道）进行公开约谈；每月对任务进展滞后、专项整治不实、监管处罚不力的市级相关部门，在全市范围通报批评，累计通报3次的，实施组织问责。严格执行《天津市党政领导干部生态环境损害责任追究实施细则（试行）》，将环境空气质量改善情况以及京津冀区域内部排名结果一并纳入重点督察内容。各区要进一步加大对乡镇（街道）、各级网格长（员）、专职环保网格员的考核力度，坚决杜绝“零追责”。

（六）狠抓宣传引导。全方位宣传大气污染防治进展和成效，做到“主动发声、专业发声、理性发声”，增强数据和信息的公开度、透明度和一致性，形成正确的舆论导向。强化公众参与，加强科普宣传，引导市民践行低碳绿色生活方式。密切关注舆情走向，主动回应社会关切，努力营造良好的舆论氛围，动员社会各方面力量，实现我市环境空气质量持续改善，坚决打赢蓝天保卫战。

天津市大气污染防治条例

《天津市大气污染防治条例》经 2015 年 1 月 30 日天津市第十六届人民代表大会第三次会议通过，2015 年 1 月 30 日天津市人民代表大会公告第 8 号公布。该条例分总则，大气污染共同防治，重点大气污染物总量控制，高污染燃料污染防治，机动车、船舶排气污染防治，挥发性有机物、废气、粉尘和恶臭污染防治，扬尘污染防治，重污染预警与应急，区域大气污染防治协作，法律责任，附则 11 章 97 条，自 2015 年 3 月 1 日起施行。2002 年 7 月 18 日天津市十三届人大常委会第三十四次会议通过、2004 年 11 月 12 日天津市十四届人大常委会第十五次会议修正的《天津市大气污染防治条例》予以废止。

一、公告

天津市人民代表大会公告

第 8 号

《天津市大气污染防治条例》已由天津市第十六届人民代表大会第三次会议于 2015 年 1 月 30 日通过，现予公布，自 2015 年 3 月 1 日起施行。

天津市第十六届人民代表大会第三次会议主席团

2015 年 1 月 30 日

二、条例全文

(2015 年 1 月 30 日天津市第十六届人民代表大会第三次会议通过 根据 2017 年 12 月 22 日天津市第十六届人民代表大会常务委员会第四十次会议《关于修改部分地方性法规的决定》第一次修正 根据 2018 年 9 月 29 日天津市第十七届人民代表大会常务委员会第五次会议《关于修改部分地方性法规的决定》第二次修正)

第一章　总则

第一条　为了防治大气污染，保护和改善生活环境和生态环境，保障公众健康，促进经济和社会的可持续发展，根据《中华人民共和国大气污染防治法》等有关法律、法规，结合本市实际情况，制定本条例。

第二条　大气污染防治应当以实现良好的大气环境质量为目标，坚持保护优先、预防为主、综合治理、公众参与、损害担责的原则。

第三条　市人民政府对本市的大气环境质量负责。区人民政府对本行政区域的大气环境质量负责。

市和区人民政府应当将大气环境保护工作纳入国民经济和社会发展规划和计划，以大气污染物排放总量为约束，合理规划城市布局，加强生态建设，转变经济发展方式，优化产业结构和布局，促进清洁生产，使大气环境质量达到规定标准，保护和改善大气环境。

乡镇人民政府、街道办事处应当履行大气污染防治的监督管理职责，保护和改善大气环境。

第四条　市和区人民政府应当加大对大气污染防治的财政投入，提高资金使用效益。

鼓励和引导社会资本进入大气污染防治领域，引导金融机构增加对大气污染防治项目的信贷支持。

第五条　环境保护行政主管部门对本行政区域大气污染防治工作实施统一监督管理。

发展改革、工业和信息化、建设、市场监管、交通运输、农村工作、商务、市容园林、公安、国土房管、规划、水务、海事等有关行政主管部门，在各自职责范围内对大气污染防治实施监督管理。

第六条　鼓励和支持大气污染防治科学技术研究，推广、应用先进的大气污染防治技术；鼓励和支持开发、利用太阳能、风能、地热能、浅层地温能等清洁能源；鼓励和支持煤炭清洁利用技术的开发和推广。

市环境保护行政主管部门应当加强大气环境容量、污染成因、治理技术和防治政策等研究，适时提出有针对性的对策措施。

第七条　本市实施大气污染防治网格化精细管理，实行大气环境质量目标责任制和考核评价制度，将大气环境质量目标完成情况和措施落实情况作为对市人民政府有关部门和区人民政府及其负责人的考核内容，考核结果定期向社会公布。

第八条　对保护和改善大气环境作出显著成绩的单位和个人，由市和区人民政府给予奖励。

第九条　市和区人民政府应当定期向本级人民代表大会常

务委员会报告大气污染防治工作情况，并接受监督。

第二章　大气污染共同防治

第十条　市环境保护行政主管部门应当会同有关部门按照国家大气污染防治的要求和本市实际情况，组织编制大气污染防治规划，纳入全市环境保护规划，报市人民政府批准后公布实施。

区人民政府应当根据本区域大气环境状况和大气污染防治要求，制定大气环境治理措施和阶段性达标方案。

第十一条　市人民政府对国家大气环境质量标准和污染物排放标准中未作规定的项目，可以制定本市地方标准；对国家大气污染物排放标准中已作规定的项目，可以制定严于国家标准的地方标准，并报国务院环境保护主管部门备案。

第十二条　本市实行大气污染物排放浓度控制和重点大气污染物排放总量控制相结合的管理制度。

向大气排放污染物的，其污染物排放浓度不得超过国家和本市规定的排放标准；排放重点大气污染物的，不得超过总量控制指标。

第十三条　市发展改革行政主管部门应当会同有关部门，严格执行国家有关产业结构调整的规定和准入标准，禁止新建、扩建高污染工业项目。

市工业和信息化行政主管部门应当会同有关部门，严格执行国家有关淘汰落后产品、工艺、设备的规定。

第十四条　新建排放重点大气污染物的工业项目，应当按照有利于减排、资源循环利用和集中治理的原则，集中安排在工业园区建设。

第十五条　市环境保护行政主管部门负责大气环境质量和大气污染源的统一监督监测，建立和完善大气环境质量监测网络，发布大气环境质量预报、日报，实时发布大气环境质量数据，定期发布大气环境质量状况公报。

市气象部门、市环境保护行政主管部门共同做好大气环境质量预报和重污染天气预报工作。

第十六条　向大气排放污染物的企业事业单位，应当建立大气污染防治和污染物排放管理责任制度，明确单位负责人和相关人员的责任。

第十七条　新建、改建、扩建向大气排放污染物的建设项目，应当依法进行环境影响评价，其中排放重点大气污染物的项目应当取得重点大气污染物排放指标。未依法进行环境影响评价的建设项目，不得开工建设。

第十八条　建设单位应当将建设项目配套建设的大气污染防治设施与主体工程同时设计、同时施工、同时投入使用；大气污染防治设施未经验收合格的，主体工程不得投入生产或者使用。

第十九条　大气污染防治设施应当保持正常使用。

拆除或者停用大气污染防治设施的，应当提前十日向所在地的区环境保护行政主管部门申报，说明拆除或者停用理由。对经采取其他措施污染物排放能够达到规定要求的，区环境保护行政主管部门应当在接到申报后十日内予以批准。

第二十条　向大气排放污染物的企业事业单位和其他生产经营者，应当按照国家和本市有关规定设置大气污染物排放口和应急排放通道。

禁止通过偷排、篡改或者伪造监测数据、以逃避现场检查为目的的临时停产、非紧急情况下开启排放旁路、不正常运行大气污染防治设施等逃避监管的方式，排放大气污染物。

第二十一条　向大气排放污染物的单位，应当履行下列义务:

（一）按照规定对本单位排污情况自行监测，不具备监测能力的，应当委托环境监测机构或者有资质的社会检测机构进行监测。

（二）建立监测数据档案，原始监测记录应当至少保存三年。

（三）按照规定设置和使用监测点位和采样平台。

（四）配合环境保护行政主管部门开展监督性监测。

（五）按规定向社会公开监测数据等。

第二十二条　根据环境容量、排污单位排放污染物种类、数量和浓度等因素，国家和本市环境保护行政主管部门确定的大气污染物重点排污单位，应当安装与环境保护行政主管部门联网的大气污染源在线自动监测设施，并保持正常运行、监测数据准确。

市环境保护行政主管部门应当向社会公布重点排污单位名录。

大气污染源在线自动监测的有效数据，可以作为环境保护行政主管部门环境执法和管理的依据。

第二十三条　环境保护行政主管部门和其他负有环境保护监督管理职责的部门，应当将依法查处排污单位的违法行为及处罚结果及时向社会公布，并记入市场主体信用信息公示系统。

第二十四条　向大气排放污染物的企业应当如实公开排放大气污染物种类和数量、大气污染防治设施的建设和运行情况等环境保护信息，接受公众监督。

第二十五条　公民、法人和其他组织对大气污染违法行为有权进行举报。对查证属实的，给予奖励。奖励办法由市人民政府规定。

公民、法人和其他组织发现市和区人民政府及其环境保护行政主管部门或者其他有关部门不依法履行大气环境相关监督管理职责的，可以向其上级机关或者监察机关举报。

接受举报的机关应当对举报人的相关信息予以保密，保护举报人的合法权益。

第二十六条　公民、法人和其他组织有依法保护大气环境的义务。提倡公众绿色出行，优先选择公共交通、自行车、步行的出行方式，鼓励使用清洁能源机动车，减少机动车排放污染。

第三章　重点大气污染物总量控制

第二十七条　本市实施重点大气污染物排放总量控制。市环境保护行政主管部门根据国家核定的重点大气污染物排放总量和本市大气环境质量状况及经济社会发展水平，拟订重点大气污染物排放总量控制计划，报市人民政府批准后，由市环境保护行政主管部门组织实施。

区环境保护行政主管部门依据重点大气污染物排放总量控

制计划核定的指标，根据实际情况，拟订本行政区域重点大气污染物排放总量控制实施方案，经区人民政府批准后组织实施，并报市环境保护行政主管部门备案。

第二十八条　对超过重点大气污染物排放总量控制指标的地区，市和区环境保护行政主管部门应当暂停该地区审批新增该重点大气污染物排放总量的建设项目环境影响评价文件。

第二十九条　重点大气污染物排放单位的污染物排放总量，由环境保护行政主管部门根据重点大气污染物排放总量控制计划和排放标准，按照公开、公平、公正的原则予以核定。

第三十条　本市在严格控制重点大气污染物排放总量、实行排放总量削减计划的前提下，按照有利于总量减少的原则，可以进行大气污染物排污权交易。具体办法由市人民政府制定。

第三十一条　本市对大气污染物实行排污许可证制度。

纳入排污许可证管理的向大气排放污染物的单位，应当按照规定向环境保护行政主管部门申请核发排污许可证，并按照排污许可证载明的污染物种类、排放总量指标等要求排放污染物，逐步减少污染物排放总量。

第四章　高污染燃料污染防治

第三十二条　市和区人民政府应当采取措施，改善能源结构，推广清洁能源的生产和使用。

第三十三条　市人民政府划定、公布高污染燃料禁燃区，并根据大气环境质量状况，逐步扩大禁燃区范围。

在高污染燃料禁燃区内，新建、改建、扩建项目禁止使用煤和重油、渣油、石油焦等高污染燃料。

第三十四条　高污染燃料禁燃区内已建的燃煤电厂和企业事业单位及其他生产经营者使用高污染燃料的锅炉、窑炉，应当按照市或者区人民政府规定的期限改用天然气等清洁能源、并网或者拆除，国家另有规定的除外。

第三十五条　本市实施燃煤消费总量控制。市发展改革行政主管部门应当会同相关部门编制本市清洁能源发展规划，确定燃煤消费总量控制目标，制定燃煤消费总量控制方案并组织实施，逐步削减燃煤消费总量。

区人民政府应当按照燃煤消费总量控制目标和控制方案制订本行政区域清洁能源改造计划并组织实施。

第三十六条　禁止销售和使用不符合国家和本市规定标准的燃煤及其制品。商务、市场监管行政主管部门对销售环节实施监督管理；环境保护行政主管部门对使用环节实施监督管理。

第三十七条　市商务行政主管部门应当根据本市城乡规划，按照大气污染防治要求，制订经营性煤炭堆场和民用煤配送网点的布局和总量控制计划。

煤炭经营企业应当将煤炭集中存放到经营性煤炭堆场。

外环线以内不得设置经营性煤炭堆场。

第五章　机动车、船舶排气污染防治

第三十八条　市人民政府应当制定公共交通优先发展规划，健全和完善公共交通系统，提高公共交通出行比例。

第三十九条　在本市销售、行驶的机动车尾气排放应当符合本市排放标准。

不符合本市尾气排放标准的机动车，公安交管部门不予办理机动车登记。

第四十条　机动车所有者或者使用者应当正常使用机动车，不得拆除、停用、擅自改装排气污染防治设施。

第四十一条　在本市销售、使用的非道路移动机械，应当符合国家和本市规定的污染物排放标准。

农村工作、建设等行政主管部门应当配合环境保护行政主管部门，按照各自职责，加强农业机械、施工工程机械等非道路移动机械排放污染物的监督和管理。

第四十二条　机动车维修单位进行与机动车尾气排放有关的维修和保养应当符合国家和本市有关技术规范。维修保养后的机动车应当达到规定的尾气排放标准。

交通运输行政主管部门应当加强对机动车维修单位的监督管理。

第四十三条　本市实行机动车尾气定期检验制度。在用机动车的所有者应当按照国家和本市的规定将机动车送至检验机构，对其尾气进行定期检验；未经检验或者检验不合格的，不得上路行驶。

第四十四条　在学校、宾馆、商场、公园、办公场所、社区、医院、旅游景点的周边和停车场等不影响车辆正常行驶的地段，燃油机动车驾驶人停车三分钟以上的，应当熄灭发动机。

第四十五条　环境保护行政主管部门可以在机动车停放地

对在用机动车的污染物排放状况进行监督抽测。

环境保护行政主管部门可以对在道路上行驶的机动车的污染物排放状况进行遥感监测。遥感监测取得的数据无争议的，可以作为环境执法的依据；有争议的，当事人可以申请采取其他监测方式进行复测。

第四十六条　鼓励提前淘汰高污染排放机动车和非道路移动机械。市环境保护行政主管部门会同市财政、交通运输、公安、商务、市场监管等行政主管部门，根据大气环境质量状况和机动车、非道路移动机械排放污染状况，制定高污染排放在用机动车、非道路移动机械治理方案，报市人民政府批准后实施。

第四十七条　本市按照国家规定对运营机动车实行强制报废制度。达到国家规定使用年限的运营机动车，应当依法强制报废。

第四十八条　在本市销售和使用的船舶应当符合国家和本市大气污染物排放标准。

船舶的所有者或者使用者应当正常使用船舶，不得拆除、擅自改装排放污染控制装置。

推进靠泊船舶采用岸基供电方式，提倡船舶在泊位停靠期间使用岸电。现有码头应当逐步实施岸基供电设施改造。新建码头应当规划、设计和建设岸基供电设施。

市交通运输行政主管部门和海事部门应当按照各自职责，加强对船舶排放大气污染物的监督和管理。

第四十九条　在本市销售的机动车、非道路移动机械和船舶用燃料应当符合国家和本市规定的质量标准。

市场监管行政主管部门应当加强对加油站燃油质量的监督检查。

第六章　挥发性有机物、废气、粉尘和恶臭污染防治

第五十条　市环境保护行政主管部门应当会同市市场监管行政主管部门制定涂料等产品挥发性有机物含量限值标准。

生产、销售、使用含挥发性有机物的原料和产品，其挥发性有机物含量限值应当符合国家和本市标准。

第五十一条　鼓励生产、销售、使用低挥发性有机物或者无挥发性有机物的原料和产品。

市场监管行政主管部门应当会同市环境保护行政主管部门指导相关行业协会定期公布低挥发性有机物含量的产品目录。

第五十二条　产生含挥发性有机物废气的生产经营活动，应当在密闭空间或者设备中进行，并按照规定安装、使用污染防治设施；无法密闭的，应当采取措施减少废气排放。

第五十三条　石油、化工及其他生产和使用挥发性有机溶剂的企业，应当采取泄漏检测与修复技术，对管道、设备进行日常检测、修复，采取措施减少挥发性有机物泄漏。

第五十四条　加油加气站、储油储气库和使用油、气罐车的单位，应当按照有关规定安装、使用油气回收装置，每年向环境保护行政主管部门报送油气排放检测报告。

第五十五条　工业涂装企业应当建立台账，记录原料、辅料的挥发性有机物含量、使用量、废弃量和去向。台账的保存

时间不得少于三年。

第五十六条　饮食服务、服装干洗、机动车维修等经营单位，应当按照环境保护行政主管部门的规定，安装使用油烟、异味和废气等污染物的净化处理设施，定期对净化处理设施进行清洗维护，排放的污染物不得超过规定的排放标准，不得影响周边环境和居民正常生活。

禁止在居民住宅楼、未配套设立专用烟道的商住综合楼、商住综合楼与居住层相邻的商业楼层内新建、改建、扩建产生油烟、异味、废气的饮食服务项目。

第五十七条　禁止任何单位和个人在人口集中地区和居民住宅区内新建、改建和扩建产生有毒有害气体、恶臭气体的生产经营场所。

禁止任何单位和个人在人口集中地区和其他需要特殊保护的区域内贮存、加工、制造或者使用产生恶臭气体的物质。

第五十八条　工业企业向大气排放有毒有害气体、恶臭气体和粉尘物质的，应当采取车间密闭方式并安装、使用集中收集处理等排放设施，防止生产过程中的泄漏。

第五十九条　禁止露天焚烧沥青、油毡、橡胶、塑料、皮革、垃圾以及其他产生有毒有害气体、恶臭气体和烟尘的物质。

禁止露天焚烧落叶、秸秆、枯草等产生烟尘污染的物质。

禁止在区人民政府划定区域外的公共场所露天烧烤食品。

第六十条　单位和个人燃放烟花爆竹，应当遵守国家和本市的有关规定。

第七章　扬尘污染防治

第六十一条　建设工程、房屋拆除工程、市政道路工程、水务工程、园林绿化工程等施工现场，施工单位应当按照有关规定，采取设置围挡、苫盖、道路硬化、喷淋、冲洗等措施防治扬尘污染。

第六十二条　施工工地禁止进行现场混凝土搅拌。在施工现场设置砂浆搅拌机的，应当配备降尘防尘装置。

第六十三条　煤炭、煤矸石、煤渣、煤灰、矿粉、砂石、灰土等易产生扬尘的散体物料堆场，应当密闭贮存；不能密闭的，应当按照规定设置严密围挡或者防风抑尘网，并采取有效覆盖措施防止扬尘。装卸物料应当采取密闭或者喷淋等方式控制扬尘排放。

第六十四条　运输企业运输工程渣土、矿粉、砂石、灰浆、建筑垃圾等散装、流体物料的，应当采用专用车辆密闭运输，并按照指定的时间、区域和路线行驶。

第六十五条　在道路、广场、公园和其他公共场所进行清扫保洁作业，应当严格执行清扫保洁作业有关标准，防止扬尘污染。

城市主要道路清洁应当采取低尘作业方式，提高道路机械化清扫率和再生水冲洗率。

第八章　重污染预警与应急

第六十六条　本市建立重污染天气预警机制。市人民政府应当制定重污染天气应急预案，并向社会公布。

市人民政府有关部门和区人民政府应当制定重污染天气应急实施方案。

出现重污染天气时，市人民政府应当及时发布预警信息，启动应急预案，采取应急措施。

第六十七条　发生突发大气污染事故可能影响公众健康和环境安全时，市和区人民政府应当及时发布预警信息，采取应急措施。

应急处置工作结束后，市或者区人民政府应当立即组织评估环境影响和损失，并及时将评估结果向社会公布。

第六十八条　有发生大气污染事故可能性的企业事业单位和其他生产经营者，应当按照国家和本市有关规定制定应急预案，报环境保护行政主管部门和有关部门备案。

企业事业单位和其他生产经营者发生大气污染事故时，应当启动应急预案，立即报告所在区人民政府及其环境保护行政主管部门。

第九章　区域大气污染防治协作

第六十九条　本市与北京市、河北省及周边地区建立大气污染防治协调合作机制，定期协商区域内大气污染防治重大事项。

第七十条　市人民政府应当根据本市和北京市、河北省及周边地区大气污染防治需要，加快淘汰高污染排放车辆。

第七十一条　市人民政府应当会同北京市、河北省及周边地区人民政府，建立重污染天气应急联动机制，及时通报预警和应急响应的有关信息，并可根据需要，商请有关省市人民政府采取相应的应对措施。

第七十二条　市环境保护等行政主管部门应当与北京市、河北省及周边地区有关部门建立沟通协调机制，对在省市边界建设可能对相邻省市大气环境产生影响的重大项目，及时通报有关信息。

第七十三条　市环境保护行政主管部门应当加强与北京市、河北省及周边地区的大气污染防治科研合作，组织开展区域大气污染成因、溯源和防治政策、标准、措施等重大问题的联合科研，推动节能减排、污染排放、产业准入和淘汰等方面环境标准的统一。

第十章　法律责任

第七十四条　违反本条例规定，排放大气污染物超过标准的，由环境保护行政主管部门责令限期改正，并处十万元以上一百万元以下罚款；情节严重的，报经有批准权的人民政府批准，责令停业、关闭。

排放重点大气污染物超过排污许可证核定排放总量指标的，由环境保护行政主管部门责令停止排放污染物，处十万元以上一百万元以下罚款，并将超过排放总量指标的部分在核定下一年度排放总量指标时扣除；拒不停止排放污染物的，环境保护行政主管部门可以责令其采取限制生产、停产整治等措施；情节严重的，报经有批准权的人民政府批准，责令停业、关闭。

第七十五条　违反本条例规定，环境影响评价文件未经批准或者备案，擅自开工建设的，由环境保护行政主管部门依照环境影响评价有关法律予以处罚。

第七十六条　违反本条例规定，建设项目的大气污染防治设施未建成或者未经验收合格，主体工程投入生产或者使用的，由环境保护行政主管部门依照建设项目环境保护有关法律、行政法规予以处罚。

第七十七条　违反本条例规定，有下列行为之一的，由环境保护行政主管部门责令停止违法行为，限期改正，并处二万元以上二十万元以下罚款：

（一）拒绝环境保护行政主管部门现场检查或者在被检查时弄虚作假的。

（二）未按照规定安装、使用大气污染防治设施，或者未经环境保护行政主管部门批准，擅自拆除、停用大气污染防治设施的。

第七十八条　违反本条例规定，通过偷排、篡改或者伪造监测数据、以逃避现场检查为目的的临时停产、非紧急情况下开启排放旁路、不正常运行大气污染防治设施等逃避监管的方式排放大气污染物的，由环境保护行政主管部门责令限期改正，并处十万元以上一百万元以下罚款；情节严重的，报经有批准权的人民政府批准，责令停业、关闭。

第七十九条　违反本条例规定，有下列行为之一的，由环境保护行政主管部门责令限期改正，处二万元以上二十万元以下罚款，拒不改正的，责令停产整治：

（一）未按照规定对所排放的大气污染物进行监测或者未保

存原始监测记录的。

（二）不安装使用与环境保护行政主管部门联网的大气污染源在线自动监测设施的。

第八十条　违反本条例规定，向大气排放污染物的企业未按照规定公开环境保护相关信息的，由环境保护行政主管部门责令限期改正，处一万元以上十万元以下罚款。

第八十一条　违反本条例规定，未依法取得排污许可证排放大气污染物的，由环境保护行政主管部门责令停止排放，并处十万元以上一百万元以下罚款；拒不停止排放的，报经有批准权的人民政府批准，责令停业、关闭。

第八十二条　违反本条例对高污染燃料管理规定的，按照以下规定予以处罚：

（一）未按照市或者区人民政府规定的期限改用清洁能源的，由环境保护行政主管部门报区人民政府，责令限期拆除。

（二）销售不符合国家和本市规定标准的燃煤及其制品的，由市场监管行政主管部门责令改正，没收原材料、产品和违法所得，并处货值金额一倍以上三倍以下罚款。

（三）使用不符合国家和本市规定标准的燃煤及其制品的，由环境保护行政主管部门责令限期改正，对单位处货值金额一倍以上三倍以下罚款。

第八十三条　违反本条例机动车污染防治规定的，按照以下规定予以处罚：

（一）不正常使用机动车排气污染防治设施，或者拆除、改装排气污染防治设施的，由环境保护行政主管部门责令停止违法行为，并处一千元以上五千元以下罚款。

（二）机动车超标排放污染物（含机动车排放黑烟）的，由环境保护行政主管部门处二百元以上二千元以下罚款。

第八十四条　违反本条例挥发性有机物污染防治规定，有下列行为之一的，由环境保护行政主管部门责令停止违法行为，限期改正，并处二万元以上二十万元以下罚款；拒不改正的，责令停产整治：

（一）产生含挥发性有机物废气的生产经营活动，未在密闭空间、设备中进行，或者未按照规定安装、使用污染防治设施的。

（二）加油加气站、储油储气库和使用油、气罐车的单位，未按照有关规定安装、使用油气回收装置的。

（三）工业涂装企业未按照规定建立和保存台账的。

第八十五条　违反本条例规定，饮食服务、服装干洗、机动车维修等经营单位有下列行为之一的，由环境保护行政主管部门责令限期改正，拒不改正的，责令停产整治，按照以下规定处罚：

（一）饮食服务经营单位未按照有关规定安装、使用油烟净化设施，超标排放油烟的，处五千元以上五万元以下罚款。

（二）服装干洗和机动车维修经营单位未按照有关规定设置异味和废气处理装置等污染防治设施并保持正常使用，影响周边环境的，处二千元以上二万元以下罚款。

第八十六条　违反本条例规定，未采取污染防治措施，向大气排放有毒有害气体、恶臭气体的，由环境保护行政主管部门或者其他依法行使监督管理权的部门责令改正，并处一万元以上十万元以下罚款，拒不改正的，责令停工整治或者停业整治。

第八十七条　违反本条例规定，有下列行为之一的，由城市管理综合行政执法机关责令改正，按照以下规定处罚：

（一）露天焚烧沥青、油毡、橡胶、塑料、皮革、垃圾等产生有毒有害物质的，对单位处一万元以上十万元以下罚款，对个人可以处五百元以上二千元以下罚款；

（二）露天焚烧落叶、枯草或者在政府划定区域外的公共场所露天烧烤食品的，可以处五百元以上二千元以下罚款；

（三）露天焚烧秸秆的，可以处五百元以上二千元以下罚款。

第八十八条　违反本条例规定，未实施扬尘污染防治措施，造成扬尘污染的，由有关部门责令限期改正，并按照以下规定予以处罚：

（一）施工现场未采取设置围挡、苫盖、道路硬化、喷淋、冲洗等防治扬尘污染措施，或者未使用专用车辆密闭运输散装、流体物料的，由建设、交通运输、水务行政主管部门按照各自职责，处一万元以上十万元以下罚款，拒不改正的，责令停工整治。

（二）在施工工地进行现场混凝土搅拌，或者在施工现场设置砂浆搅拌机未配备降尘防尘装置的，由建设、交通运输、水务行政主管部门按照各自职责，处一万元以上五万元以下罚款。

（三）存放煤炭、煤矸石、煤渣、煤灰、矿粉、砂石、灰土等易产生扬尘的散体物料堆场，未采取密闭贮存、设置围挡或者防风抑尘网等有效措施防止扬尘的，或者装卸物料未采取密闭或者喷淋等方式的，由环境保护行政主管部门处一万元以上十万元以下罚款，拒不改正的，责令停工整治或者停业整治。

（四）运输散装、流体物料撒漏造成扬尘污染的，由城市管理综合行政执法机关按照本市市容环境有关规定处罚。

第八十九条　违反本条例规定，造成一般或者较大大气污染事故的，由环境保护行政主管部门按照污染事故造成的直接损失的一倍以上三倍以下处以罚款；造成重大或者特大大气污染事故的，由环境保护行政主管部门按照污染事故造成的直接损失的三倍以上五倍以下处以罚款。对直接负责的主管人员和其他直接责任人员可以处上一年度从本企业事业单位取得收入百分之五十以下的罚款。

第九十条　违反本条例规定，拒不执行停产或者限产、停止工地土石方作业或者建筑物拆除施工等重污染天气应急措施的，由负有相应环境保护监督管理职责的部门处一万元以上十万元以下罚款。拒不执行机动车管控措施的，由公安机关依照有关规定予以处罚。

第九十一条　违反本条例规定，企业事业单位和其他生产经营者有下列行为之一，受到罚款处罚，被责令改正，拒不改正的，依法作出处罚决定的行政主管部门可以自责令改正之日的次日起，按照原处罚数额按日连续处罚：

（一）超过污染物排放标准或者超过重点大气污染物排放总量控制指标，排放大气污染物的。

（二）通过偷排、篡改或者伪造监测数据等逃避监管的方式，排放大气污染物的。

（三）未依法取得排污许可证排放大气污染物的。

（四）施工现场未采取设置围挡、苫盖、道路硬化、喷淋、冲洗等防治扬尘污染措施，或者未使用专用车辆密闭运输散装、流体物料的。

（五）在施工工地进行现场混凝土搅拌，或者在施工现场设置砂浆搅拌机未配备降尘防尘装置的。

（六）存放煤炭、煤矸石、煤渣、煤灰、矿粉、砂石、灰土等易产生扬尘的散体物料堆场，未采取密闭贮存、设置围挡或者防风抑尘网等有效措施防止扬尘的，或者装卸物料未采取密闭或者喷淋等方式的。

第九十二条　对处以按日连续处罚的企业事业单位和其他生产经营者，自决定按日连续处罚之日起七日内，由环境保护行政主管部门或者作出行政处罚决定的行政主管部门约谈其主要负责人，并向社会公开约谈情况、整改措施及结果。

第九十三条　违反本条例规定，企业事业单位和其他生产经营者有下列行为之一，尚不构成犯罪的，除按照有关法律、法规规定予以处罚外，由环境保护行政主管部门移送公安机关，对其直接负责的主管人员和其他直接责任人员，由公安机关依照法律规定处以拘留：

（一）建设项目未依法进行环境影响评价，被责令停止建设，拒不执行的。

（二）违反法律规定，未取得排污许可证排放污染物，被责令停止排污，拒不执行的。

（三）通过偷排、篡改或者伪造监测数据等逃避监管的方式，排放大气污染物的。

第九十四条　环境保护行政主管部门和其他负有大气环境保护监督管理职责的部门在大气污染防治工作中，有下列行为之一的，由任免机关或者监察机关按照管理权限，对直接负责的主管人员和其他直接责任人员依法给予行政处分；构成犯罪的，依法追究刑事责任：

（一）违法作出行政许可决定的。

（二）接到对污染大气环境行为的举报或者其他部门移送违法案件，不依法查处或者泄露举报人信息的。

（三）违反规定不公开大气环境相关信息的。

（四）有滥用职权、玩忽职守、徇私舞弊的其他行为的。

第十一章　附则

第九十五条　本条例所称高污染燃料，是指原（散）煤、煤矸石、粉煤、煤泥、燃料油（重油和渣油）、石油焦、各种可燃废物等；燃料中污染物含量超过国家相关限值的固硫蜂窝型煤、轻柴油、煤油和人工煤气。

本条例所称非道路移动机械，是指不在道路上行驶的以汽油或者柴油为燃料的施工工程机械、农业机械等机械，如拖拉机、打桩机、发电机等。

第九十六条　本条例规定的行政处罚，由市人民政府负有大气污染防治行政执法职责的部门根据公平公正、过罚相当的原则，制定行政处罚自由裁量基准，并向社会公布。

第九十七条　本条例自 2015 年 3 月 1 日起施行。2002 年 7 月 18 日天津市第十三届人民代表大会常务委员会第三十四次会议通过、2004 年 11 月 12 日天津市第十四届人民代表大会常务委员会第十五次会议修正的《天津市大气污染防治条例》同时废止。

天津市重污染天气应急预案

1 总则

1.1 编制目的

为全面贯彻落实打赢蓝天保卫战相关要求，进一步健全完善重污染天气预警和应急机制，确保重污染天气应急工作高效、有序进行，削减污染峰值，保障公众健康，确保按照国家要求，重污染天气期间二氧化硫（SO_2）、氮氧化物（NO_x）、颗粒物（PM）在黄色、橙色和红色预警期间减排比例分别达到全社会占比的 10%、20% 和 30% 以上，挥发性有机物（VOCs）减排比例分别达到 10%、15% 和 20% 以上。

1.2 编制依据

1.2.1 国家及生态环境部文件

《中华人民共和国环境保护法》《中华人民共和国突发事件应对法》《中华人民共和国大气污染防治法》《打赢蓝天保卫战三年行动计划》（国发〔2018〕22 号）、《京津冀及周边地区 2018—2019 年秋冬季大气污染综合治理攻坚行动方案》（环大气〔2018〕100 号）。

1.2.2 本市相关文件

《天津市大气污染防治条例》《天津市实施〈中华人民共和国突发事件应对法〉办法》《天津市突发事件总体应急预案》（津政发〔2013〕3 号）。

1.3 适用范围

本预案适用于天津市行政区域内发生重污染天气的预警和应急响应。

本预案所称重污染天气，是指根据《环境空气质量指数（AQI）技术规定（试行）》（HJ 633—2012），空气质量指数（AQI）级别达到五级（重度污染）及以上污染程度的大气污染。对因沙尘暴和臭氧形成的重度污染不执行本预案。

1.4 预案体系

天津市重污染天气应急预案体系包括：市重污染天气应急预案、市重污染天气应急指挥部各成员单位重污染天气应急保障预案、各区人民政府重污染天气应急保障实施方案及重点企业重污染天气应急响应操作方案。

2 组织机构构成与职责

2.1 领导机构及职责

天津市重污染天气应急指挥部（以下简称应急指挥部），总指挥由分管生态环境保护工作的副市长担任，副总指挥由市人民政府分管生态环境保护工作的副秘书长和市生态环境局局长担任。

应急指挥部的主要职责：贯彻落实市委、市政府决策部署，建立预警应急指挥系统，组织实施重污染天气应急响应工作。

2.2 办事机构及其职责

应急指挥部的办事机构是天津市重污染天气应急指挥部办公室（以下简称应急指挥部办公室）。应急指挥部办公室作为常设机构，设在市生态环境局，主任由市生态环境局局长担任，工作人员为专职人员。

应急指挥部办公室的主要职责：适时修订《天津市重污染天气应急预案》，按程序报市人民政府同意后发布实施；负责应急指挥部的日常工作，组织落实应急指挥部决定，协调各成员单位、各区人民政府应对重污染天气相关工作；组织对应急指挥部成员单位应急保障预案和各区人民政府应急保障实施方案落实情况进行监督检查，对发现的问题及时上报应急指挥部，并移交相关部门追究责任。

2.3 应急指挥部成员单位和各区人民政府职责

应急指挥部各成员单位和各区人民政府按照职责分工编修应急保障预案及应急保障实施方案，并按规定时间报应急指挥部办公室备案；在启动重污染天气应急响应期间，有效组织落实各项应急措施并对执行情况开展监督检查，按要求做好应急响应各环节的工作记录和台账，每日向应急指挥部办公室报送进展信息（具体职责见附件）。

2.4 专家组及其职责

根据本市重污染天气应对工作实际，聘请有关专家组成重污染天气应急管理专家组，为本市重污染天气应急管理工作提供业务咨询、决策建议和技术支持。

3 预警

3.1 预警的分级

重污染天气预警分级标准统一采用空气质量指数（AQI）

为指标，预测 AQI 日均值按连续 24 小时（可以跨自然日）均值计算。

重污染天气预警级别从低到高分为黄色、橙色和红色预警三级，红色为最高级别。各级别分级标准为：

黄色预警：预测 AQI 日均值 >200 将持续 2 天（48 小时）及以上，且短时出现重度污染、未达到高级别预警条件。

橙色预警：预测 AQI 日均值 >200 将持续 3 天（72 小时）及以上，且未达到高级别预警条件。

红色预警：预测 AQI 日均值 >200 将持续 4 天（96 小时）及以上，且预测 AQI 日均值 >300 将持续 2 天（48 小时）及以上；或预测 AQI 日均值达到 500。

3.2 预警的发布

3.2.1 监测预警

市生态环境局和市气象局联合组织开展本市重污染天气监测预警、会商工作。市生态环境局负责本市空气污染物的监测预警及动态趋势分析；市气象局负责本市空气污染气象条件等级预报和大雾、霾、沙尘暴天气监测预警。

3.2.2 预警信息的发布

（1）当预测到未来空气质量可能达到预警启动条件时，提前 24 小时以上发布预警信息。当监测空气质量已经达到重度污染，且预测未来 24 小时内空气质量不会有明显改善时，根据实际污染情况尽早启动或调整相应级别的预警。当预测 AQI 日均值 >200 持续 1 天，且未达到高级别预警标准时，由生态环境部门随空气质量预报信息发布健康防护提示性信息。

（2）黄色预警经指挥部办公室主任批准；橙色预警经市人民政府分管生态环境保护工作的副市长批准；红色预警经市人民政府主要领导批准。黄色预警信息以应急指挥部办公室的名义发布，橙色、红色预警信息以市人民政府名义发布：

一是由应急指挥部办公室通过文件传真的方式向市政府总值班室、各成员单位和各区人民政府发布预警信息。各责任部门和各区人民政府接到预警信息后，根据预警级别，立即通知管辖范围内的各单位及工业企业、各类施工工地、学校及幼儿园、机动车车主及驾驶员等启动（调整或终止）应急响应。

二是由应急指挥部办公室通过微信、手机短信向各责任部门和各区人民政府负责同志及联络员发布预警信息。

三是由市政府新闻办通过本市广播电台、电视台、报刊等媒体及“天津发布”微博门户向公众发布预警信息。

3.3 预警等级调整和预警解除

预测 AQI 日均值发生变化时，及时调整预警等级或解除预警。解除或调整预警信息的发布程序同启动程序一致。

当预测或监测空气质量改善到相应级别预警启动标准以下，且预测将持续 36 小时以上时，可降低预警级别或解除预警，并及时发布预警调整或解除信息。

当预测发生前后两次重污染过程，且间隔时间未达到 36 小时，按一次重污染过程从高级别启动预警。当预测或监测空气质量达到更高级别预警条件时，尽早采取升级措施。

4 区域应急联动

接到生态环境部或区域空气质量预测预报中心通报预警提示信息，及时发布预警，启动重污染天气应急响应，组织实施应急措施，与周边城市共同应对区域重污染天气。

5 应急响应

5.1 响应分级

对应预警等级，实行三级响应。

（1）当发布黄色预警时，启动Ⅲ级响应。

（2）当发布橙色预警时，启动Ⅱ级响应。

（3）当发布红色预警时，启动Ⅰ级响应。

5.2 响应的启动

预警信息一经发布，应急指挥部各成员单位、各区人民政府按照各自应急保障预案和实施方案立即启动应急响应，迅速组织落实应急响应措施，对于机动车限行、中小学及幼儿园停课措施的执行起始时间按照当次预警发布通知的具体规定执行。应急指挥部建立协调机制，在Ⅰ级响应时召开协调会议，在Ⅱ级或Ⅲ级响应时适时召开协调会议，对应急工作进行部署。

在启动应急响应措施的同时，各区可根据污染特征，在重点区域、重点时段、重点领域，实施有针对性的应急减排措施，确保应急实效。

5.3 响应措施

5.3.1 工业企业错峰生产与运输措施

依照国家及本市错峰生产工作要求，采暖季对钢铁、建材、焦化、铸造、有色、化工等重点行业实行差异化错峰生产；钢铁、建材、焦化、有色、化工等涉及大宗物料运输的重点用车企业以及港口码头，实行错峰运输措施。

5.3.2 Ⅲ级响应措施

健康防护指引：

（1）提醒儿童、老年人和心脏病、肺病患者以及过敏性疾病患者应当留在室内，停止户外运动，一般人群减少户外运动。

（2）中小学、幼儿园停止户外课程及活动。

（3）医疗卫生机构加强对呼吸类疾病患者的防护宣传和就医指导。

建议性措施：

（1）倡导公众绿色出行和绿色生活，尽量乘坐公共交通工具或电动汽车等方式出行，减少祭祀烧纸等行为。

（2）减少机动车日间加油。

（3）加强公交运力保障。

强制性减排措施：

（1）对工业企业管控，应以行政区为单位。各区按照“一厂一策”的要求，指导企业根据污染排放绩效制定不同的减排措施，避免采取“一刀切”减排方式，通过针对涉气工序停限产或提高污染治理设施运行效率等方式实现减排，保证主要污染物总体减排 30% 以上。

（2）纳入清单的工业企业应制定包含停限涉气工序、提高污染治理设施运行效率等具体措施的应急响应操作方案，并在厂区显著位置设立公示牌公示执行措施。

涂料制造业（生产水性涂料或其他排放达到水性涂料水平的工序除外）、家具制造业（使用水性涂料的工序除外）、印刷行业（使用低或无 VOCs 含量的油墨除外）、塑料制造业等污染排放较大、可快速实现停限产的行业可采取停限主要涉气工序的措施实现减排要求。玻璃制造业要提高污染治理设施效率，主要污染物排放浓度较天津市地方排放标准降低 30% 以上。其他行业按照工业源项目清单要求落实停、限产措施。

达到超低排放标准的燃煤电厂、工业企业中的自备电厂以及已备案的承担居民供暖、协同处置城市垃圾或危险废物等保民生任务的单位要确保重污染天气期间稳定达标排放，不执行减排措施。

（3）停止室外喷涂、粉刷、切割、护坡喷浆作业。

（4）除涉及重大民生工程、安全生产及应急抢险任务外，停止所有施工工地的土石方作业（包括：停止土石方开挖、回填、场内倒运、掺拌石灰、混凝土剔凿等作业，停止建筑工程配套道路和管沟开挖作业）。

（5）除涉及重大民生工程、安全生产及应急抢险任务外，全面停止使用各类非道路移动机械；全面停止建筑垃圾和渣土运输车、砂石运输车辆上路行驶。

（6）除涉及重大民生工程、安全生产及应急抢险任务外，所有水泥粉磨站、渣土存放点全面停止生产、运行；全市混凝土搅拌站和砂浆搅拌站停止生产，站内堆放的散体物料全部苫盖，增加洒水降尘频次。

（7）中心城区、滨海新区核心区及其他各区主要道路采取科学措施，根据空气相对湿度，加大或降低湿法作业频次，湿法作业频次降低时应适当加大吸扫作业力度。

（8）取得环保“领跑者”称号的企业可不采取停限产措施。

5.3.3 Ⅱ级响应措施

健康防护指引：

（1）提醒儿童、老年人和心脏病、肺病患者以及过敏性疾病患者应当留在室内，停止户外运动，一般人群减少户外运动，确需外出的，应当采取防护措施。

（2）中小学、幼儿园停止户外课程及活动。

（3）医疗卫生机构加强对呼吸类疾病患者的防护宣传和就医指导。

建议性措施：

（1）倡导公众绿色出行和绿色生活，尽量乘坐公共交通工具或电动汽车等方式出行，减少祭祀烧纸等行为。

（2）倡导公众绿色消费，尽量减少含挥发性有机物的涂料、油漆、溶剂等原材料及产品的使用。

（3）减少机动车日间加油。

（4）加强公交运力保障。

强制性减排措施：

（1）对工业企业管控，应以行政区为单位。各区按照“一厂一策”的要求，指导企业根据污染排放绩效制定不同的减排措施，避免采取“一刀切”减排方式，通过针对涉气工序停限产或提高污染治理设施运行效率等方式实现减排，保证主要污染物总体减排 40% 以上。

（2）纳入清单的工业企业应制定包含停限涉气工序、提高污染治理设施运行效率等具体措施的应急响应操作方案，并在厂区显著位置设立公示牌公示执行措施。

涂料制造业（生产水性涂料或其他排放达到水性涂料水平的工序除外）、家具制造业（使用水性涂料的工序除外）、印刷行业（使用低或无 VOCs 含量的油墨除外）、塑料制造业等污染排放较大、可快速实现停限产的行业可采取停限主要涉气工序的措施实现减排要求。玻璃制造业要提高污染治理设施效率，主要污染物排放浓度较天津市地方排放标准降低 30% 以上。其他行业按照工业源项目清单要求落实停、限产措施。

达到超低排放标准的燃煤电厂、工业企业中的自备电厂以及已备案的承担居民供暖、协同处置城市垃圾或危险废物等保民生任务的单位要确保重污染天气期间稳定达标排放，不执行减排措施。

（3）停止室外喷涂、粉刷、切割、护坡喷浆作业。

（4）除涉及重大民生工程、安全生产及应急抢险任务外，停止所有施工工地的土石方作业（包括停止土石方开挖、回填、场内倒运、掺拌石灰、混凝土剔凿等作业，停止建筑工程配套道路和管沟开挖作业）。

（5）除涉及重大民生工程、安全生产及应急抢险任务外，全面停止使用各类非道路移动机械；全面停止建筑垃圾和渣土运输车、砂石运输车辆上路行驶。

（6）除涉及重大民生工程、安全生产及应急抢险任务外，所有水泥粉磨站、渣土存放点全面停止生产、运行；全市混凝土搅拌站和砂浆搅拌站停止生产，站内堆放的散体物料全部苫盖，增加洒水降尘频次。

（7）中心城区、滨海新区核心区及其他各区主要道路采取科学措施，根据空气相对湿度，加大或降低湿法作业频次，湿法作业频次降低时应适当加大吸扫作业力度。

（8）本市及外埠中型重型载货汽车在执行日常限行措施的基础上，在本市行政区域内道路（高速公路除外）全天实行按单双号行驶（保障安全生产运行，运输民生保障物资或特殊需求产品，承担急救、抢险等任务，挂新能源牌照的车辆除外）。

（9）港口集疏运车辆进出港区全天按单双号行驶（保证安全生产运行，运输民生保障物资或特殊需求产品，以及为外贸货物、进出境旅客提供港口集疏运服务的，达到国家第五阶段及以上排放标准或挂新能源牌照的车辆除外）。

（10）重点用车企业原则上不允许重型载货车进出厂区（保证安全生产运行，运输民生保障物资或特殊需求产品的车辆除外）。

（11）取得环保“领跑者”称号的企业可不采取停限产措施。

5.3.4 I级响应措施

健康防护指引：

（1）提醒儿童、老年人和心脏病、肺病患者以及过敏性疾病患者应当留在室内，停止户外运动，一般人群减少户外运动，确需外出的，应当采取防护措施。

（2）中小学、幼儿园采取弹性教学或停课等防护措施。

（3）医疗卫生机构加强对呼吸类疾病患者的防护宣传和就

医指导。

建议性措施：

（1）倡导公众绿色出行和绿色生活，尽量乘坐公共交通工具或电动汽车等方式出行，减少祭祀烧纸等行为。

（2）倡导公众绿色消费，尽量减少含挥发性有机物的涂料、油漆、溶剂等原材料及产品的使用。

（3）减少机动车日间加油。

（4）停止举办各类大型户外活动。

（5）加强公交运力保障。

强制性减排措施：

（1）对工业企业管控，应以行政区为单位。各区按照“一厂一策”的要求，指导企业根据污染排放绩效制定不同的减排措施，避免采取“一刀切”减排方式，通过针对涉气工序停限产或提高污染治理设施运行效率等方式实现减排，保证主要污染物总体减排 40% 以上。

（2）纳入清单的工业企业应制定包含停限涉气工序、提高污染治理设施运行效率等具体措施的应急响应操作方案，并在厂区显著位置设立公示牌公示执行措施。

涂料制造业（生产水性涂料或其他排放达到水性涂料水平的工序除外）、家具制造业（使用水性涂料的工序除外）、印刷行业（使用低或无 VOCs 含量的油墨除外）、塑料制造业等污染排放较大、可快速实现停限产的行业可采取停限主要涉气工序的措施实现减排要求。玻璃制造业要提高污染治理设施效率，主要污染物排放浓度较天津市地方排放标准降低 30% 以上。

其他行业按照工业源项目清单要求落实停、限产措施。

达到超低排放标准的燃煤电厂、工业企业中的自备电厂以及已备案的承担居民供暖、协同处置城市垃圾或危险废物等保民生任务的单位要确保重污染天气期间稳定达标排放，不执行减排措施。

（3）停止室外喷涂、粉刷、切割、护坡喷浆作业。

（4）除涉及重大民生工程、安全生产及应急抢险任务外，停止全市可能产生大气污染的与建设工程有关的生产活动（塔吊、地下施工等不产生大气污染物的工序除外）。

（5）除涉及重大民生工程、安全生产及应急抢险任务外，全面停止使用各类非道路移动机械；全面停止建筑垃圾和渣土运输车、砂石运输车辆上路行驶。

（6）除涉及重大民生工程、安全生产及应急抢险任务外，所有水泥粉磨站、渣土存放点全面停止生产、运行；全市混凝土搅拌站和砂浆搅拌站停止生产，站内堆放的散体物料全部苫盖，增加洒水降尘频次。

（7）中心城区、滨海新区核心区及其他各区主要道路采取科学措施，根据空气相对湿度，加大或降低湿法作业频次，湿法作业频次降低时应适当加大吸扫作业力度。

（8）本市行政区域内道路（高速公路除外）全天实行机动车（含外埠车辆）按单双号行驶（保障安全生产运行，运输民生保障物资或特殊需求产品，承担急救、抢险等任务，挂新能源牌照的车辆除外）。

（9）港口集疏运车辆进出港区全天按单双号行驶（保证安

全生产运行，运输民生保障物资或特殊需求产品，以及为外贸货物、进出境旅客提供港口集疏运服务的，达到国家第五阶段及以上排放标准或挂新能源牌照的车辆除外）。

（10）重点用车企业原则上不允许重型载货车进出厂区（保证安全生产运行，运输民生保障物资或特殊需求产品的车辆除外）。

（11）取得环保“领跑者”称号的企业可不采取停限产措施。

5.4 响应措施的监督

应急指挥部办公室对全市应急措施落实情况加强抽查检查。自预警信息发布后 24 小时起对各成员单位、各区人民政府的落实情况进行监督检查。各成员单位、各区人民政府要制定督察检查工作方案，督促本行业、本辖区具体应急措施的落实，并在重污染天气应急响应期间每日 17 ： 00 前向应急指挥部办公室报送响应落实情况。

5.5 响应终止

预警解除即响应终止，应急指挥部各成员单位、各区人民政府负责通知采取响应措施的单位终止响应。

6 总结评估

响应终止后，应急指挥部办公室组织对响应过程和响应措施效果进行总结、评估。

7 监督管理

7.1 公众宣传

通过电视、广播、报纸、互联网、手册、刊物、宣传画等手段，广泛宣传针对重污染天气的各项应急法律、法规，积极向群众宣传重污染天气的健康防护常识和技能。

7.2 应急演练

适时组织应急演练。根据演练情况及时修改、完善相应的应急保障预案和实施方案。

7.3 应急培训

加强重污染天气应急管理培训，增强有关部门、各区人民政府应对重污染天气的思想准备、技术准备、工作准备。

7.4 责任追究

市、区有关部门要加大应急响应期间的执法检查力度，确保各项措施落实到位，对重污染天气期间发现的露天烧烤，企业超标排放、违法排污和错峰生产未落实到位等问题要从严从重处理。

对因工作不力、履职缺位等问题导致应急措施未有效落实的，依据《天津市环境保护工作责任规定（试行）》和《天津市党政领导干部生态环境损害责任追究实施细则（试行）》的追责程序进行追责。

8 附则

本预案由应急指挥部组织实施，并根据实际情况及时修订。

应急指挥部各成员单位要根据本预案制定本部门的重污染天气应急保障预案，对涉及本部门监管的单位要及时更新减排措施项目清单并落实措施；各区人民政府要根据本预案制定本行政区域的重污染天气应急保障实施方案，方案中要包括本行政区域错峰生产、一般工业企业分批停产和扬尘源停工的减排措施项目清单。

各区人民政府、各责任单位每年 4 月底、9 月底、12 月底将更新的清单报应急指挥部办公室备案。

本预案自发布之日起实施，有效期 3 年。《天津市人民政府办公厅关于印发天津市重污染天气应急预案的通知》（津政办函〔2017〕107 号）同时废止。

附件：应急指挥部成员单位和各区人民政府职责（略）